太阳

每天都是新的

吴飞 主编

吉林出版集团有限责任公司

图书在版编目（CIP）数据

太阳每天都是新的 / 吴飞主编 . —长春：吉林出

版集团有限责任公司，2011.9

（心之语系列）

ISBN 978-7-5463-5772-0

Ⅰ.①太… Ⅱ.①吴… Ⅲ.①人生哲学-少年读物

Ⅳ.①B821-49

中国版本图书馆 CIP 数据核字（2011）第 128963 号

太阳每天都是新的

作　　者　吴 飞　主编

责任编辑　孟迎红

责任校对　赵　霞

开　　本　710mm×1000mm　1/16

字　　数　250 千字

印　　张　14.5

印　　数　1-5000 册

版　　次　2011 年 9 月第 1 版

印　　次　2018 年 2 月第 1 版第 2 次印刷

出　　版　吉林出版集团股份有限公司

发　　行　吉林音像出版社有限责任公司

　　　　　吉林北方卡通漫画有限责任公司

地　　址　长春市泰来街 1825 号

　　　　　邮　编：130062

电　　话　总编办：0431-86012906

　　　　　发行科：0431-86012770

印　　刷　北京龙跃印务有限公司

ISBN 978-7-5463-5772-0　　　　定价：39．80 元

代　序

弹奏乐观的心曲

英国作家萨克雷说："生活是一面镜子，你对它笑，它就对你笑，你对它哭，它也对你哭。"

的确，如果我们心情豁达、乐观，我们就能够看到生活中光明的一面，即使在漆黑的夜晚，我们也知道星星仍在闪烁。一个心理健康的人，思想高洁，行为正派，能自觉而坚决地摒弃病态的想法。我们既可以坚持错误、执迷不悟，也可以痛改前非、改过自新，这都取决于我们自己。这个世界是大家创造的，因此，它属于我们每一个人，而真正拥有这个世界的人，是那些热爱生活、乐观向上的人。也就是说，那些真正拥有快乐的人才能真正拥有这个世界。

但是快乐也是有成本的。要得到快乐，必须先磨炼自己的耐性，先付出艰苦和等待。我们必须先播下种子，然后用不求收获的、理智的心情去等待快乐的果实。

人的心理活动没有一刻的平静，间或兴奋、欢乐，间或沮丧、消极。快乐的人也有不幸与烦恼。

有的人大部分的生活被消极情绪占领，或哀叹不已、灰心丧气，或牢骚满腹、怨天尤人，却不善于解脱排遣。

开朗的人的特点是把眼光盯在未来的希望上，把烦恼抛在脑后。培养乐观、豁达的性格，将会对你终生有益。

具有乐观、豁达性格的人，无论在什么时候，他们都感到光明、美丽和快乐的生活就在身边。他们眼睛里流露出来的光彩使整个世界都溢彩流光。在这种光彩之下，寒冷会变成温暖，痛苦会变成舒适。这种性格使智慧更加熠熠生辉，使美丽更加迷人灿烂。那种生性忧郁、悲观的人，永远看不到生活中的七彩阳光，春日的鲜花在他们的眼里也失去了娇艳，黎明的鸟鸣变成了令人烦躁的噪音，无限美好的蓝天、五彩纷呈的大地都像灰色的布幔。在他们眼里，生活仅仅是令人厌倦的、没有生命和没有灵魂的苍白。

乐观像一股永不枯竭的清泉，乐观像一首没有歌词的永无止境的欢歌。它使人的灵魂得以宁静，使人的精力得以恢复，使美德更加芬芳。人的精神、灵魂、美德都从这种愉悦的心情中得到滋润，尽管烦恼和不安总在时时吞噬着这种美好的心情，各种挫折和磨难会一点一滴地消耗它，但这如清泉甘露般的美丽心情永远不会枯竭，而是历久弥坚以至永远。

所以，要保持乐观的心态，微笑着面对生活。

目　录

人生似一张白纸，有的人能在上面绘出绚丽的图画，有的人只在上面简单地勾勒几笔，有的人始终让它保持一片空白，有的人把它抹黑。出现怎样一个结局，关键在于每个人的心态。

在人的一生中，每个人都不能保证一切顺利，然而人们在面对失败时大可不必灰心丧气，用心发现，其实路就在你脚下。

人若失去自己，是一种不幸；人若失去自主，则是人生最大的缺憾。赤橙黄绿青蓝紫，谁都应该有自己的一片天地和特有的亮丽色彩。你应该果断地、毫无顾忌地向世人宣告并展示你的能力、你的风采、你的气度、你的才智。

很多时候，我们的内心都为外物所遮蔽、掩饰，浮躁的心情占领了我们的整颗心，因此在人生中留下许多遗憾，现代人惯于为自己做各种周密而细致的盘算，权衡着可能有的各种收益与损失。但是，我们唯一忽视的，便是去听一听自己内心的声音。

当一个人改变他对事物的看法时，事物和其他人对他来说就会发生改变。如果一个人把他的思想指向光明，就会很吃惊的发现，他的生活在变的光明。思想对人的禁锢超过监狱，人往往是自我设限，用一个虚构的笼子罩住了自己，需要自己跳出笼子或者别人打破笼子自己才能够出来。

生命的质量决定于每天的心境，通过改变态度可以使得自己经常处于良好的心境状态。生命是别人的，过程是自己的。生命是一种过程而不是结果，学会享受过程，精彩每一天。

鲜花送人，余香留己。人生在世，不能一味索取。对周围人多一份关爱，多一份善心，对生活多一份感动，世界自然就变得美好了。

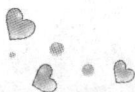

第一辑　主宰命运的是自己

人生似一张白纸，有的人能在上面绘出绚丽的图画，有的人只在上面简单地勾勒几笔，有的人始终让它保持一片空白，有的人把它抹黑。出现怎样一个结局，关键在于每个人的心态。

换种心情会怎样

你不能左右天气，但你可以改变心情……"

生活中有些痛苦是外力强加的，但更多的痛苦是自己选择的，比如，强迫自己的内心去回忆痛苦的往事，这就是给自己强加的另一种痛苦。

多年以前，有一个女孩被强暴了，非常痛苦，就到庙里去烧香求签。看到女孩一脸悲伤，一位老和尚问她发生了什么事。

这个女孩哭了，她泣不成声地说："我好惨啊，我多么的不幸啊，我这一辈子都忘不了这件事情了……"

听罢她的陈述，老和尚对她说："这位小姐，你被强暴是你自愿的。"

这个女孩被老和尚的话吓了一跳，说："你说什么？我怎么可能自愿被强暴？"

老和尚对她说："你被他强暴了一次，但在你的心里，天天心甘情愿地被他强暴一次，那你一年下来，就被他强暴了 365 次。"

"这是什么意思呢？"女孩不解地问。

"在你身边发生了一件不好的事情，你好像看了一场不好的电影一样，天天在回想，这不是很笨的事情吗？这与重蹈覆辙有什么区别呢？你改变不了环境，但你可以改变自己；你改变不了事实，但你可以改变态度；你改变不了过去，但你可以改变现在；你不能控制他人，但你可以掌握自己；你不能预知明天，但你可以把握今天；你不可能样样顺利，但你可以事事尽心；你不能延伸生命的长度，但你可以决定生命的宽度；你不能左右天气，但你可以改变心情……"

（佚名）

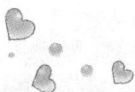

享受美丽的人生

原来天空是蓝色的，天上不仅有美丽的云彩，还有耀眼迷人的星星。

哈斯夫妇俩一直渴望有个孩子，而且也老早就取好了孩子的名字，但是，他们却等了10多年才如愿以偿。

库兹亚是他们的宝贝，哈斯夫妇想尽办法教导儿子，连走路的方式也清清楚楚地告知："我的好孩子，走路时记得要看着地上啊！如果你走在木板上要专心看着脚底下，因为木板最容易让人滑倒。"

这是库兹亚开始学习走路时爸爸的叮咛。乖巧的库兹亚也相当遵从父亲的教导，只要走在木质地板上，他一定紧盯着脚下的步伐。

有一天，哈斯一家人来到山间游玩，爸爸又教导库兹亚："在山路行走时，你还是要看着地上，每一步都要相当小心，不然你会从山顶摔到山谷中；而下山坡时，你一样要看着脚下，否则一个闪神，你就会扭伤脚踝的，知道吗？"

库兹亚点了点头，说："是的，爸爸！"

有一天，库兹亚准备到海边旅行，妈妈连忙叮嘱他："儿子啊！当你走在沙滩上时，千万要小心啊！双眼一定要紧盯着脚下，因为海浪随时都会出现，幸运点只会溅湿了你的全身，最可怕的是它会将你卷入海里。"

不幸的是，在海边的叮咛后不久，哈斯夫妇相继离开了库兹亚。可怜的库兹亚逐渐长大了，从小就习惯听爸爸妈妈的引导与叮咛；如今他只能在过去的叮咛中，继续生活：对于父母的话，他仍然相当遵从。

库兹亚认真执行父母的叮嘱，在木板上、在田野间、上山与下山时，他都用心地盯着脚下。即使来到沙滩，听见美丽的浪潮声，他也不会抬头看看，声音是从哪里来的。

　　不管走到哪里，"听话"的库兹亚，总是低着头往前走。

　　库兹亚从来没有跌倒过，也没有滑倒或碰伤过，一生几乎是毫发无伤的他，就这么"低着头"，走完他的一生。

　　不过，在他临死前，他仍然不知道，原来天空是蓝色的，天上不仅有美丽的云彩，还有耀眼迷人的星星。此外，他也不知道自己所走过的每一个地方，风光是多么美丽。

（佚名）

生命的美丽约定

　　他俩在一起聊天，一起放风筝，这对少年仿佛拥有了整个天空。

　　晌午，安娜坐在医院外面的草坪上晒着太阳，虽然身旁有着一簇一簇鲜艳的小花，但她的脸上却始终是一副忧郁的表情，因为她被诊断患有绝症，而且时日不多了。母亲总是含着眼泪站在她身旁，为她梳着头发。她的头发一天天变少了，像秋风中摇曳的枯草。

　　在回病房的路上，一个男孩走了过来，在他们四目接触的一刹那，一种特有的神采闪在安娜的眼前。男孩拿起手中的风筝塞到安娜手里说，"你瞧这是一只小鹰，它是我的朋友，它很勇敢！我叫约克，现在把它送给你，希望你能快乐！"就这样他们聊了起来，原来约克也患有绝症，每天他在医院的草坪上经过时都会看见安娜在静静地发呆，脸上写满忧伤，约克觉得这么美丽的女孩应该有最灿烂的笑容，但是他什么也做不了，因为他的日子也不多了。今天，他看见安娜坐在草坪的花丛里，觉得应该让她像艳丽的花朵般笑起来，于是他鼓足了勇气和安娜讲话！这天傍晚，他俩已成了仿佛相识多年的老朋友。两颗已经濒临绝望的心相撞了，闪出了希望的火花。他俩在一起聊天，一起放风筝，这对少年仿佛拥有了整个天空。

终于有一天，他们都得知病情到了无法医治的地步，他们相拥而泣，但还是互相鼓励着，他们约定：好好地过完每一天，为对方祝福，永不言弃！但他们一直都会通信给彼此鼓励。

一晃两个月过去了，一个下午，安娜手中握着约克的来信，抱着那只小鹰风筝，合上了眼睛，嘴角边带着一抹淡淡的微笑。母亲流着泪默默地拿过约克的信，一行行有力的字跃入了眼帘："……当命运捉弄你的时候，不要彷徨，不要害怕。因为还有我，还有很多爱你的人在你身边，你绝不孤单。"母亲拿信的手颤抖了，泪水一点点润湿了它。

母亲在安娜的抽屉中发现了一沓写好但尚未寄出的信，最上面一封写的是"妈妈收"。母亲疑惑地拆开了信，是女儿的字迹，上面写道："妈妈，当您看到这封信的时候，也许我已经离开您了，但我还有一个心愿没有完成。我知道也许我无法履行我的诺言了，所以，在我走了之后，请您替我将这些信陆续寄给约克，让他以为我还坚强地活着，相信这些信能多给他一些活下去的信心……女儿。"

望着女儿这最后的遗言，母亲突然感到有一种豪情在涌动，她觉得有责任去见见这个男孩，要他好好活下去。

安娜的母亲拿着女儿的信，按信封上的地址找到了约克的家。她看到桌子正中镶嵌在黑色镜框中的照片是一个很阳光的男孩。她怔住了，当她转眼向那位开门的妇人望去时，那位母亲早已泪流满面。她缓缓地拿起桌上的一沓信，哽咽地说："这是我儿子留下的，他一个月前就已经走了，但他说，还有一个与他相同命运的女孩在等着他的信，等着他的鼓舞，所以，这一个月来，是我代他发出了那些信……"说到这儿，两位母亲已泣不成声。

（佚名）

一滴水珠

　　欢乐则永远是童蒙稚年，天真烂漫，因为它在每个人的心灵中获得新生。年事越长，欢乐就越少，犹如花朵，林子越密，花就越少。

　　一滴露珠垂挂在我脸的上方，清莹莹，沉甸甸。柳叶使它滞留在叶面的折槽里，露珠的重量还胜不过，或者说，暂时还无法胜过柳叶的柔韧。"别掉下来！别掉下来！"我念叨着，祈求着，祝祷着，全身心领略着内心和外界的宁静。

　　森林的深处好像听得到一种神秘的气息，轻微的足音。甚至觉得天空中浮云也像是别有深意，同时神秘莫测地在行动，也许，这是天外之天或者"天使翅膀"的声响?！在这天堂般的宁静里，你会相信有天使，有永恒的幸福，罪恶将烟消云散，永恒的善能复活再生……

　　小伙子们都睡得很香。

　　……我们常常会不加深思地唱些高调。比如总是唠叨说：儿女是我们的幸福，是我们的喜悦，是我们的光明的未来！但儿女也是我们的痛苦！是我们永难摆脱的忧虑！儿女，是我们接受人世审问的法庭，是我们的镜子。在这面镜子里，我们的良心、智慧、真诚、贞洁——一切都一览无遗。儿女能拿我们作掩体，而我们却永远也不会把他们当掩体。还有：不管他们如何有地位，有才智，有势力，可他们总是需要我们做父母的庇护和帮助的。当你想到我们在世的日子已经为时不多，那时他们将孤单单地留在世间，除去父亲和母亲，谁还能了解他们是什么样的人呢？谁能不计较他们的短处呢？谁能理解他们？原谅他们？

　　而这一滴露珠呀！

　　如果它掉到地面上，怎么办？唉，如果能安心地把儿女留在一个太平无事的世界上那该多好呢！

但是这一滴露珠，露珠！……

我把双手放到脑后。我看到在叶尼塞河不远处，灰蒙蒙如洗的晴空里，很高很高的地方，有两颗忽明忽暗的小星星，它们像原始森林里舞鹤草的花籽那般大小。星星那神灯样的光辉，那种神秘莫测和超凡脱俗，总会在我的心里引起一种夹杂着痛苦和忧郁的慰藉。如果有人对我说"彼岸世界"，那么我想象的不是什么阴曹地府，不是黑暗，而是这些微弱的、遥远的、一亮一亮的小星星。但我还是奇怪，究竟为什么这些微弱的、遥远的小星会使我充满忧伤呢？其实，这有什么可奇怪的呢？随着年龄的增长，我领悟到：欢乐是过眼烟云，转瞬即逝，常常是虚幻的；而忧郁却是永恒的、令人得益的、始终不渝的。欢乐总像昙花一现，不，更像闪电破空，夹着隆隆雷声飞驰而过。忧伤却像那神秘莫测的星星，虽然发出的是幽幽的光，却是昼夜不熄的。它能引起你萦怀亲人，思念爱情，憧憬某种神秘玄奥的事物，也说不清究竟是想到了令人苦恼而又甜蜜的过去，还是想到了那诱人的、而且使人难以捉摸而令人既畏怯又向往的将来，忧伤像个明智的成年人，它已经存在千百万年了。欢乐则永远是童蒙稚年，天真烂漫，因为它在每个人的心灵中获得新生。年事越长，欢乐就越少，犹如花朵，林子越密，花就越少。

然而这与天空、星星、夜晚、原始森林的黑暗有什么相干？地上的原始森林和天上的星星都是在亿万年前还没有我们人类的时候就有了的。一些星星陨灭了，或者碎成片片，但接替它们在天上又繁衍起另一些星星。原始森林的树木死死生生。

一些树毁于雷电，被河水冲倒，另一些树的种子洒落到水里，或者随风散播。鸟儿从雪松上把松球扯下来，啄食坚果，结果使它们散落到苔藓地里，生根成长。我们自以为是支配着自然界，要它怎么样就能怎么样。但是，当你一旦窥见了原始森林的真面目，在它里面呆过并领略过它医治百病的好处以后，这种错觉就会不复存在，那时，你将震慑于它的威力，感受它的寥廓虚空和伟大。

（佚名）

怀有成为珍珠的信念

我们应当始终坚信，只要朝着自己的目标不断向前，肯定会有好的结果。

很久很久以前，有一个养蚌人，他想培养一颗世上最大最美的珍珠。

他去海边沙滩上挑选沙粒，并且一颗一颗地问那些沙粒，愿不愿意变成珍珠。那些沙粒一颗一颗都摇头说不愿意。养蚌人从清晨问到黄昏，他都快要绝望了。

就在这时，有一颗沙粒答应了他。

旁边的沙粒都嘲笑起那颗沙粒，说它太傻，去蚌壳里住，远离亲人、朋友，见不到阳光、雨露、明月、清风，甚至还缺少空气，只能与黑暗、潮湿、寒冷、孤寂为伍，不值得。

可那颗沙粒还是无怨无悔地随着养蚌人去了。

斗转星移，几年过去了，那颗沙粒已长成了一颗晶莹剔透、价值连城的珍珠，而曾经嘲笑它傻的那些伙伴们，却依然只是一堆沙粒，有的已风化成土。

也许你只是众多沙粒中最最平凡的一颗，但如果你有要成为一颗珍珠的信念，并且忍耐着、坚持着，当走过黑暗与苦难的长长隧道之后，你或许会惊讶地发现，平凡如沙粒的你，在不知不觉中，已长成了一颗珍珠。每颗珍珠都是由沙子磨砺出来的，能够成为珍珠的沙粒都有着成为珍珠的坚定信念，并无怨无悔。沙粒之所以能成为珍珠，只是因为它有成为珍珠的信念。芸芸众生中，我们原本只是一粒粒平凡的沙子，但只要怀有成为珍珠的信念，你终会长成一颗珍珠的。

（佚名）

比别人更努力

成功永远不在于一个人知道了多少，而在于他努力了多少。

美国《商业周刊》的记者采访某名企业家："你成功的首要秘诀是什么？"

"比别人更努力！"

"其次呢？"

"比别人更努力！"

"最后呢？"

"比别人更努力！"

由此，你也得到成功的答案了吧——比别人更努力！

努力是成功的捷径之一，而且是成功必须付出的代价。你要想成功，要想做得更好更出色，那么你就必须比别人付出更多，更努力，否则，成功不一定属于你。

有些人总是很羡慕他人突然像彗星一样闪亮，却忽视了他人在能够发光之前所下的工夫，所忍受的寂寞，所挨过的苦难。这些人之所以能跑得快一些，是因为他所付出的努力比别人更多。

有一位教授曾讲起过他的经历："在我多年的教学实践中，发觉有许多在校时资质平凡的学生，他们的成绩大多在中等或中等偏下，没有特殊的天分，有的只是安分守己的诚实性格。这些孩子走上社会参加工作，不爱出风头，默默地奉献。他们平凡无奇，毕业分手后，老师同学都不太记得他们的名字和长相。但毕业几年、十几年后，他们却带着成功的事业来看老师，而那些原来看来有美好前程的孩子，却一事无成。这是怎么回事？"

老教授常与同事一起琢磨，最后得出一个结论：成功与在校成绩并没有什么必然的联系，但和踏实的性格密切相关。平凡的人比较务实，比较能自律，比别人更努力，所以许多机会落在这种人身上。平凡的人如果加上勤能补拙的特质，成功之门必会向他大方地敞开。

（佚名）

积极的心态

　　　　成功者始终用最积极的思考、最乐观的精神和最辉煌的经验支配和控制自己的人生；

　　一个年轻人和一个老年人分别要在夜晚不同的时间里，穿过一处阴森的树林。

　　走之前，他俩都听说这树林里出现过一只狼，那是从附近一座山上跑下来的。但这只狼是否还在那里，谁也不知道。

　　老年人临行前，别人劝他还是不去为好，可老人说："我已经与树林那边的人约好了，今晚无论如何要赶到。再说，反正我已六十多岁了，让狼吃了也没什么了不起。"

　　于是，老人走了，他准备了一根木棍，一把斧头，很快走进了树林。几个小时后，当老人走出树林时，他已经精疲力竭。灯光下，人们看见老人身上有许多血迹。

　　年轻人临行前，别人也同样劝他别去，年轻人犹豫了一下，他想，老人都去了，我若退缩的话多没面子，于是，学着老人的话说："我也已经与树林那边的人约好了，怎能不去呢？"接着又说："要是那老人和我一起走，该多好啊！毕竟两个人安全些，我还年轻，以后的日子还长着呢！"说这话的时候，年轻人因害怕而浑身发抖。

那晚他也走进了树林，但人们却没能见到他到达树林的那边。天亮的时候，人们只在那片树林里，见到一堆新鲜的骨头。

故事中，年轻人结局悲惨的原因就在于他持一种消极的心态，在遇到狼以前，他就已经否定了自己。由此可见，建立一种积极的心态才是成功的关键。

很多时候，大部分人之所以不成功，是因为他们不"想"成功，或者说他们不具备成功者的心态。知识与才能是成功的发动机，而积极的心态则是成功发动机中的润滑油。通过对大量成功者的研究，我们可以看到，几乎所有的成功者都表现出一个共同的特征，那就是都具备积极的心态。有的人仿佛天生就具备积极乐观、善于自我激励等特征，而有的人则经过苦难的磨砺主动地培养了积极的个性。没有什么比积极的心态更能使一个普通平凡的人走上成功的道路。从这个角度讲，积极的心态是成功理论的重要原则之一。如果你已具有积极的心态，那么恭喜你；如果你能培养积极的心态，那么你也必定能走向成功。

（佚名）

按自己的曲子跳舞

别人所有的，并不一定是自己所要的，而自己所要的，哪怕是别人一时不能理解的，只要能真正给自己带来好心情，就要坚持。

有个富人，他一直想追求快乐、幸福和充实，为此，他总是紧随潮流。当市面上出现手机的时候，他立即就去买；当别人开始购买轿车的时候，他马上就开上了属于自己的小轿车。凡此种种，但他仍然快乐不起来，也感觉不到丝毫的幸福和满足。郁郁寡欢的他为了摆脱这种情绪，决定出门去散心。

有一天，他来到了一个很偏僻的少数民族村落，这里相对封闭，没有多少现代化的东西。可是，他发现村民们却活得非常快乐。一到晚上，人们吃罢晚饭，就在一片空地上点起篝火，一些人弹起欢快轻松的乐曲，男女老少便一起载歌载舞，直到尽兴才归。从他们的神态中，看不到一丝一毫的忧愁，你所能感受到的除了快乐，还是快乐。他们有什么值得快活的资本呢？他百思不得其解。

一天晚上，在村民们跳舞的间隙，他与一位当地的老人谈了起来，他问老人："为什么你们总是那么快乐？"老人听了他的话并没有马上回答，而是弹起了一首古老的曲子，老人对他说："你跳起来吧，但是，你一定要记住，不论我弹什么曲子，你都不要受影响，而是要学会按照你自己心中的那支曲子跳舞。我相信你肯定能知道什么是快乐。"就这样，他跳了起来，虽然，他跳得很累，而且没有受乐曲的一点影响，但是不知怎么回事，一场舞跳下来，他的心情却很轻松、很惬意，那是一种他从来也没有感受过的快乐。而就在他静下来的那一刹那，他心中突然一亮，老人真是高人，原来他是在告诉自己，一个人如果要想每天都有好心情，那就必须按自己的曲子跳舞。

（佚名）

选准合适的角色

在生活中，谁都想最大限度地发挥自己的能量，在更大程度上获得社会的承认。

从前，一位陶工制作了一只精美的彩釉陶罐，他把这只精美的陶罐搬回家中放到了屋角的一块石头上。

陶罐认为主人把自己放错了地方，整天唉声叹气地抱怨说："我这么漂亮，这么精致，为什么不把我放到皇宫里作为收藏品呢？即使摆放到商店展出，也比待在这儿强啊！"

陶罐底下的石头听了忍不住劝它："这儿不是也挺好吗？我比你待的时间还久呢。"

陶罐听了讥讽石头说："你算什么东西？只不过是一块垫脚石罢了，你有我这么漂亮的图案么？和你在一起我真感到羞耻。"

石头争辩说："我确实不如你漂亮好看，我生来就是做垫脚石的，但在完成本职任务方面，我不见得比你差……"

"住嘴！"陶罐愤怒地说，"你怎么敢和我相提并论！你等着吧，要不了多久，我就会被送到皇宫成为收藏品……"它越说越激动，不提防摇晃了一下，"哗啦"掉在地上，摔成了一堆碎片。

一年一年过去了，世界发生了许多事情，一个又一个王朝覆灭了，陶工的房子早已倒塌了，石块和那堆陶罐碎片被遗落在荒凉的场地上。历史在它们的上面积满了渣滓和尘土，一个世纪连着一个世纪。

许多年以后的一天，人们来到这里，掘开厚厚的堆积，发现了那块石头。

人们把石块上的泥土刷掉，露出了晶莹的颜色。"啊，这块石头可是一块价值连城的宝玉呢！"一个人惊讶地说。

"谢谢你们！"石块兴奋地说，"我的朋友陶罐碎片就在我的旁边，请你们把它也发掘出来吧，它一定闷得够受了。"

人们把陶罐碎片捡起来，翻来覆去查看了一番，说："这只是一堆普通的陶罐碎片，一点价值也没有。"说完就把这些陶罐碎片扔进了垃圾堆。

社会是一座舞台，要想在这个舞台上当一名好演员，就必须根据自己的素质、才能、兴趣和环境条件，选择好适合自己的社会角色，只能演配角就不要去争当主角，适合当士兵就别奢望当将军。如果认不清自己，不满足于普通的角色，像故事中的陶罐那样，一心想成为皇宫的收藏品，把自己摆错了位置，到头来只会白费力气，一事无成。反之，一旦选准了适合的角色，走向成功也是顺理成章的事情。

（佚名）

进取心创造卓越

进取心最终会成为一种伟大的自我激励力量，它会使我们的人生更加崇高。

玛丽·凯在美国可谓家喻户晓，然而在创业之初，她曾历尽失败，走了不少弯路。但她从来不灰心、不泄气，最后终于成为大器晚成的化妆品行业的"皇后"。

20 世纪 60 年代初期，玛丽·凯已经退休回家。可是过分寂寞的退休生活使她突然决定冒一冒险。经过一番思考，她把一辈子积蓄下来的 5000 美元作为全部资本，创办了玛丽·凯化妆品公司。

为了支持母亲实现"狂热"的理想，两个儿子也"跳往助之"，一个辞去一家月薪 480 美元的人寿保险公司代理商职务，另一个也辞去了休斯敦月薪 750 美元的职务，加入到母亲创办的公司中来，宁愿只拿 250 美元的月薪。玛丽·凯知道，这是背水一战，是在进行一次人生中的大冒险，弄不好，不仅自己一辈子辛辛苦苦的积蓄将血本无归，而且还可能葬送两个儿子的美好前程。

在创建公司后的第一次展销会上，她隆重推出了一系列功效奇特的护肤品。按照原来的想法，这次活动会引起轰动，一举成功。可是，"人算不如天算"，整个展销会下来，她的公司只卖出去 15 美元的护肤品。

在残酷的事实面前，玛丽·凯不禁失声痛哭，而在哭过之后，她反复地问自己："玛丽·凯，你究竟错在哪里？"

经过认真分析，她终于悟出了一点：在展销会上，她的公司从来没有主动请别人来订货，也没有向外发订单，而是希望女人们自己上门来买东西……难怪在展销会上落到如此下场。

玛丽擦干眼泪，从第一次失败中站了起来，在抓生产管理的同时，加强了销售队伍的建设……

经过 20 年的苦心经营，玛丽·凯化妆品公司由初创时的雇员 9 人发展到现在的 5000 多人；由一个家庭公司发展成为一个国际性的公司，拥有一支 20 万人的推销队伍，年销售额超过 3 亿美元。

玛丽·凯终于实现了自己的梦想。是什么力量不断地激励玛丽？

凯朝着自己的目标前进？这个推动力就是：进取心。一旦养成一种不断自我激励、始终向着更高目标前进的习惯，我们身上的很多不良习性就都会逐渐消失。一旦我们有幸受这种伟大推动力的引导和驱使，我们就会成长、开花、结果，进取心最终会成为一种伟大的自我激励力量，它会使我们的人生更加崇高。

（佚名）

希望让生命之树常青

生命在于永不放弃，我们的事业也如此，有希望在，我们就有了前进的方向，就有了不竭的动力。

希望和欲念是生命不竭的原因所在。记住，无论在什么境况中，我们都必须有继续向前行的信心和勇气，生命的生动在于我们满怀希望，不懈追求。

有一个老人，刚好 100 岁那年，不仅功成名就，子孙满堂，而且身体硬朗，耳聪目明。在他百岁生日的这一天，他的子孙济济一堂，热热闹闹地为他祝寿。

在祝寿中，他的一个孙子问："爷爷，您这一辈子中，在那么多领域做了那么多的成绩，您最得意的是哪一件呢？"

老人想了想说："是我要做的下一件事情。"

另一个孙子问："那么，您最高兴的一天是哪一天呢？"

老人回答："是明天，明天我就要着手新的工作，这对于我来说是最高兴的事。"

这时，老人的一个重孙子，虽然还 30 岁不到，但已是名闻天下的大作家了，站起来问："那么，老爷爷，最令您感到骄傲的子孙是哪一个呢？"说完，他就支起耳朵，等着老人宣布自己的名字。

没想到老人竟说："我对你们每个人都是满意的，但要说最满意的人，现在还没有。"

这个重孙子的脸陡地红了，他心有不甘地问："您这一辈子，没有做成一件感到最得意的事情，没有过一天最高兴的日子，也没有一个令您最满意的孙子，您这 100 年不是白活了吗？"

此言一出，立即遭到了几个叔叔的斥责。老人却不以为忤，反而哈哈大笑起来："我的孩子，我来给你说一个故事：一个在沙漠里迷路的人，就剩下半瓶水。整整 5 天，他一直没舍得喝一口，后来，他终于走出大沙漠。现在，我来问你，如果他当天喝完那瓶水的话，他还能走出大沙漠吗？"

老人的子孙们异口同声地回答："不能！"

老人问："为什么呢？"

他的重孙子作家说："因为他会丧失希望和欲念，他的生命很快就会枯竭。"

老人问："你既然明白这个道理，为什么不能明白我刚才的回答呢？希望和欲念，也正是我生命不竭的原因所在呀！"

生命在于永不放弃，我们的事业也如此，有希望在，我们就有了前进的方向，就有了不竭的动力。

（佚名）

好好活着

以有限追求无限，请珍惜活着的感觉！

一位得知自己将不久于人世的老先生，在日记簿上记下了这段文字：

"如果我可以从头活一次，我要尝试更多的错误，我不会再事事追求完美。"

"我情愿多休息，随遇而安，处世糊涂一点，不对将要发生的事处心积虑算计着。其实人世间有什么事情需要斤斤计较呢？"

"可以的话，我会去多旅行，跋山涉水，更危险的地方也要去一去。以前的我不敢吃冰激凌，不敢吃豆，是怕健康有问题，此刻我是多么的后悔。过去的日子，我实在活得太小心，每一分每一秒都不容有失。太过清醒明白，太过清醒合理。""如果一切可以重新开始，我会什么也不准备就上街，甚至连纸巾也不带一块，我会放纵地享受每一分、每一秒。如果可以重来，我会赤足走在户外，甚至整夜不眠，用这个身体好好地感受世界的美丽与和谐。还有，我会去游乐园多玩儿圈木马，多看几次日出，和公园里的小朋友玩耍。"

"只要人生可以从头开始，但我知道，不可能了。"

人生真的不可以再来一次，以有限追求无限，请珍惜活着的感觉！

记得有这样的事情常常出现：

一个人慢悠悠地走在马路上，任凭身后的汽车喇叭叫个不停，他却仍然不慌不忙，一副很不情愿让路的样子。嘴中还嘟嘟囔囔："你着急，谁不着急？有种就开上来吧！"

后来，这个人坐到了汽车上，又非常讨厌那些不及时让路的步行者和骑车人。甚至动不动就出口不逊："怎么？找死啊！"

一个人在站牌下等车的时候，引颈翘首，望眼欲穿，恨不得让每一辆过来的公交车都在此停下，立即停下。

后来，这个人终于挤到了车上，但他立即就喝令关上车门，并怒目而视那些仍然没挤上车的人，盼望这辆汽车加快速度，永不再停。

同是一个人，在车下是一种态度，在车上又是一种态度。在车下的时候，看着车上的人有毛病；等到自己上了车，又反过来看着车下的人有毛病。

在我们的生活中，总是"车下的"人多，"车上的"人少。所以，当"车下的"挡路、挤车或者放怨气、发牢骚的时候，车上的一定要忍耐一些，宽容一些。只有这样才能活得轻松自如，才能在生活中少找晦气，才能活出自己的感觉。

活着原来是一种享受，活着的感觉原来是美好的，生活中原本的斤斤计较本来是可以避免的，是不会影响你的生活质量和良好心情的。活出自己的个性与风格，活就活出质量，莫使百年人生变成百年孤独。

（佚名）

珍惜你所拥有的生活

很多时候，我们看到的，我们羡慕的，都是别人表面上的生活，却没有看到这些风光背后的辛酸和苦涩。

一只饿了很久的狼独自在路上行走着，它已经很久没有吃到东西了，因为那些看门狗们实在是太尽职尽责了。这时，狼遇到了一只狗，这只狗因为得到了充足的食物，外表看上去毛色发亮，强壮而精神。

狼存了一肚子的气，你们这些狗，凭什么就过得比我好呢，它很想冲上去和这条狗打上一架，把它撕成碎片。可是狼知道自己现在一点力气都没有，如果非要进行争斗，它很有可能会吃亏。

于是，它装作友好的走上前去，和这条狗攀谈起来。它夸赞狗长得很福相。狗得意地回答道："其实你也可以和我一样的。这取决于你自己，只要你离开树林，到人类的家里去打工，你就会过上天堂般的生活。看看你的那些同类，它们在树林里生活得多么像乞丐呀！它们一无所有，得不到免费的食物，一切都得靠自己去争取，你和我走好了，你会发现你的命运就此改变了。"狼问道："那我都需要做什么呢？"狗说："很简单，只要你赶走主人不喜欢的人，奉承家里的成员，用一些小伎俩讨主人的欢心就行，这样你就可以得到各种残羹剩饭，还有很多美味的骨头。"

狼听到这些，觉得狗的生活简直是太幸福了，于是它跟着狗回家了。在半路上，狼忽然注意到狗的脖子上掉了一圈毛，狼问道："这是怎么回事"，狗平淡地回答道："哦，没什么，只不过是拴我的项圈磨掉了我的毛而已。"狼停住了，"你要被拴着是吗？也就是说你不能自由的跑来跑去？""是的，但这没什么，"狗回答道。"这关系太大了，我宁肯不要你的那些美味佳肴，也不愿意用我的自由交换，"狼说完，就头也不回地跑掉了。这故事虽然说的是狼与狗，中心问题也就是肉骨头和自由，但它给我们的启示却不止是这些。我们的生活中有很多人都羡慕别人的生活，两位多年未见的老朋友，一位在一家工厂做普通工人，另一位开着八家连锁店，老友相见，自是很多的感慨。

工人对老总说："你老兄混得好哇！如今是要什么有什么。"言下之意不免带着点自叹不如和悲凉。老总笑着说："老弟，我说我过得并不舒服，你可能不信吧？"工人瞪直了眼睛，"你是不是有点身在福中不知福喽，整天吃的山珍海味，周围都是漂亮小姐和高科技人才，到哪里都是前呼后拥，你还说自己不舒服？"老总笑着说："那好吧，你就和我在一起待上几天试试吧！"到了第三天，工人主动提出要回家了。老总再三挽留，工人真诚地说，本以为你的生活很舒服，可现在你要和我换我还不干呢！

原来，这两天，工人和老总寸步不离。老总一天要接数十个电话，两天时间，有十几个小时是在飞机上度过的，余下的时间是处理公司的各种事务，夜里 12 点钟，还在陪客户吃饭，唱卡拉 OK，到了第二天凌晨，一个电话就把人叫醒，新的一天又开始了轮回。所以，工人受不了了，他觉得老总还没有他幸福。至少他有自己的时间来支配，至少他有充足的休息时间。

无独有偶，李小姐非常羡慕嫁入豪门的郑太太，看到好友穿金带银奢侈消费的时候，自己总是生出一些怨恨来，为什么我就没有那个命呢？直到有一天，郑太太向她哭诉丈夫的不忠，婆家人的刁难，一个人独守空房的时候，她才发现，原来自己有丈夫陪伴，幼子相偎，这种幸福也是令富豪们眼热的呀。

所以，学会珍惜，学会辩证地看问题是很重要的，很多时候，我们看到的，我们羡慕的，都是别人表面上的生活，却没有看到这些风光背后的辛酸和苦涩。所以，不要埋怨你的工资太少，不要埋怨你的丈夫不会赚钱，不要羡慕别人的宝马香车，不要羡慕大款们挥金如土。因为你不用付出他们那样的代价。而你目前所拥有的平凡生活却正是他们求之不得的。

（佚名）

我要用全身心的爱来迎接今天

我要用全身心的爱来迎接今天。

我要用全身心的爱来迎接今天。

因为，这是一切成功的最大秘密。强力能够劈开一块盾牌，甚至毁灭生命，但是只有爱才具有无与伦比的力量，使人们敞开心扉。在掌握爱的艺术之前，我只算商场上的无名小卒。我要让爱成为我最大的武器，没有人能抵挡它的威力。

我的理论，他们也许反对；我的言谈，他们也许怀疑；我的穿着，他们也许不赞成；我的长相，他们也许不喜欢；甚至我廉价出售的商品都可能使他们将信将疑，然而我的爱心一定能温暖他们，就像太阳的光芒能融化冰冷的冻土。

我要用全身心的爱来迎接今天。

我该怎样做呢，从今往后，我对一切都要满怀爱心，这样才能获得新生。我爱太阳，它温暖我的身体；我爱雨水，它洗净我的灵魂；我爱光明，它为我指引道路；我也爱黑夜，它让我看到星辰。我迎接快乐，它使我心胸开阔；我忍受悲伤，它升华我的灵魂；我接受报酬，因为我为此付出汗水；我不怕困难，因为它们给我挑战。

我要用全身心的爱来迎接今天。

我该怎样说呢？我赞美敌人，敌人于是成为朋友；我鼓励朋友，朋友于是成为手足。我要常想理由赞美别人，绝不搬弄是非，道人长短。想要批评人时，咬住舌头，想要赞美人时，高声表达。

飞鸟，清风，海浪，自然界的万物不都在用美妙动听的歌声赞美造物主吗？我也要用同样的歌声赞美她的儿女。从今往后，我要记住这个秘密。它将改变我的生活。

我要用全身心的爱来迎接今天。

我该怎样行动呢？我要爱每个人的言谈举止，因为人人都有值得钦佩的性格，虽然有时不易察觉。我要用爱摧毁困住人们心灵的高墙，那充满怀疑与仇恨的围墙。我要架一座通向人们心灵的桥梁。

我爱雄心勃勃的人，他们给我灵感；我爱失败的人，他们给我教训；我爱王侯将相，因为他们也是凡人；我爱谦恭之人，因为他们非凡；我爱富人，因为他们孤独；我爱穷人，因为穷人太多了；我爱少年，因为他们真诚；我爱长者，因为他们有智慧；我爱美丽的人，因为他们眼中流露着凄迷；我爱丑陋的人，因为他们有颗宁静的心。

我要用全身心的爱来迎接今天。

我该怎样回应他人的行为呢？用爱心。爱是我打开人们心扉的钥匙，也是我抵挡仇恨之箭与愤怒之矛的盾牌。爱使挫折变得如春雨般温和，它是我商场上的护身符：孤独时，给我支持；绝望时，使我振作；狂喜时，让我平静。这种爱心会一天天加强，越发具有保护力，直到有一天，我可以自然地面对芸芸众生，处于泰然。

我要用全身心的爱来迎接今天。

我该怎样面对遇到的每一个人呢？只有一种办法，我要在心里默默地为他祝福。这无言的爱会闪现在我的眼神里，流露在我的眉宇间，让我嘴角挂上微笑，在我的声音里响起共鸣。在这无声的爱意里，他的心扉向我敞开了。他不再拒绝我推销的货物。

我要用全身心的爱来迎接今天。

最主要的，我要爱自己。只有这样，我才会认真检查进入我的身体、思想、精神、头脑、灵魂、心怀的一切东西。我绝不放纵肉体的需求，我要用清洁与节制来珍惜我的身体；我绝不让头脑受到邪恶与绝望的引诱，我要用智慧和知识使之升华；我绝不让灵魂陷入自满的状态，我要用沉思和祈祷来滋润它；我绝不让心怀狭窄，我要与人分享，使它成长，温暖整个世界。

我要用全身心的爱来迎接今天。

从今往后，我要爱所有的人，仇恨将从我的血管中流走。我没有时间去恨，只有时间去爱。现在，我迈出成为一个优秀的人的第一步。有了爱，我将成为伟大的推销员。即使才疏智短，也能以爱心获得成功；相反，如果没有爱，即使博学多识，也终将失败。

我要用全身心的爱来迎接今天。

(佚名)

最优秀的人就是你自己

每个向往成功、不甘沉沦者，都应该牢记柏拉图的这句至理名言：最优秀的人就是你自己！

风烛残年之际，柏拉图知道自己时日不多了，就想考验和点化一下他那位平时看来很不错的助手。他把助手叫到床前说："我需要一直最优秀的承传者，他不但要有相当的智慧，还必须有充分的信心和非凡的勇气……这样的人选直到目前我还未见到，你帮我寻找和发掘一位好吗？"

"好的，好的。"助手很温顺很诚恳地说："我一定竭尽全力去寻找，以不辜负您的栽培和信任。"

那位忠诚而勤奋的助手，不辞辛劳地通过各种渠道开始四处寻找了。可他领来一位又一位，总被柏拉图——婉言谢绝了。有一次，病入膏肓的柏拉图硬撑着坐起来，抚着那位助手的肩膀说："真是辛苦你了，不过，你找来的那些人，其实还不如你……"

半年之后，柏拉图眼看就要告别人世，最优秀的人选还是没有眉目。助手非常惭愧，泪流满面地坐在病床边，语气沉重地说："我真对不起您，令您失望了！"

"失望的是我，对不起的却是你自己。"柏拉图说到这里，很失望地闭上眼睛，停顿了许久，又不无哀怨地说："本来，最优秀的人就是你自

己，只是你不敢相信自己，才把自己给忽略、给耽误、给丢失了……其实，每个人都是最优秀的，差别就在于如何认识自己、如何发掘和重用自己……"话没说完，一代哲人就永远离开了这个世界。

那位助手非常后悔，甚至整个后半生都在自责。

生活中，一个缺乏信心的人，如同一根受了潮的火柴，是不可能擦亮希望的火光的。有一位研究成功学的专家曾经这样说过："信心是生命和力量，信心是奇迹，信心是创立事业之本。只要有信心，你就能够移动一座山；只要你相信会成功，你就一定能赢得成功。"

不是因为有些事情难以做到，我们才失去自信；而是因为我们失去了自信，有些事情才显得难以做到。

真正的自信不是孤芳自赏，也不是夜郎自大，更不是得意忘形、自以为是和盲目乐观，真正的自信就是看到自己的强项或者说好的一面来加以肯定、展示或表达。它是内在实力和实际能力的一种体现，能够清楚地预见并把握事情的正确性和发展趋势，引导自己做得最好或更好。

自信是成功最重要的力量之一。自信是对自己百分之百的肯定，自信是相信自己有能力做好某一件事。一个人的自信决定了他的能量、热情以及自我激励的程度。一个拥有高度自信的人，一定会拥有强大的个人力量，他做任何一件事几乎都会成功。你对自己越自信，你就越喜欢自己、接受自己、尊敬自己。

（佚名）

自己先快乐起来

圣诞节前夕，威廉·里德洛和妻子及三个孩子一起到法国旅游。

一次，从巴黎到尼斯去。一连五天事事不顺，下榻的旅店勒索敲诈，租来的汽车又出了毛病，令人懊丧。圣诞之夜，威廉一家住进了一个又脏又暗的小旅店，心中早无欢度圣诞节的兴致。

天气寒冷，阴雨绵绵，威廉一家出外就餐，走进一家装潢草率、毫无生气的小饭铺。铺内油腻味特别重，只有五张饭桌，一对德国夫妇，两家法国人，还有一个没带伙伴的美国水兵。角落里坐着一位钢琴手，无精打采地弹奏着一首圣诞乐曲。

威廉心灰意懒，情绪低落，实在不愿再上它处了。环顾四周，发现其他顾客也都沉默地吃着饭，只有那位美国水兵似乎心境特佳，他一边用餐，一边写信，脸上露出笑意。

威廉的妻子用法语订了饭菜，可端上来的却是另外的东西。他责备妻子，她抽抽搭搭地呜咽起来，孩子们站在妈妈一边护着她。威廉真是心乱极了！

坐在威廉左边的那一家法国人，做父亲的因为一点鸡毛蒜皮的小事动手打了小孩子，小孩开始嚎啕大哭；右面，德国女人训斥起她的丈夫来。

这时，一股毫无清新之意、令人生厌的冷空气涌进屋内，大家不约而同地抬起了头——正门走进一个上了年纪的法国卖花女，她身穿一件旧外衣，水淋淋的，一双破烂的鞋子也湿透了。她挎着一篮花，从一张饭桌挪向另一张饭桌。

"买花吗，先生？只要1法郎。"

众人无动于衷。

卖花女疲惫地坐在美国水兵和威廉一家之间的桌子旁，朝店员喊道："来一碗汤！整个下午连一束花也没卖出去。"紧接着，她又声音嘶哑地向钢琴手抱怨，"约瑟夫，圣诞前夕喝汤，你说是啥滋味？"

钢琴手指指挂在腰间空荡荡的钱袋子。

年轻的水兵用完了餐，起身准备离开。他穿好衣服，走到卖花女的桌旁。

"圣诞快乐！"他微笑着挑出两束胸花，"多少钱？"

"2法郎，先生。"

水兵将其中一束小巧的胸花压平，夹在写完的信中，然后交给卖花女一张20法郎的钞票。

"我没零钱，找不开，先生！"她说，"我跟店里的伙计先借一点儿。"

"不必了，夫人。"水兵俯身亲吻了一下她那苍老的面容，"这是我赠送给您的圣诞礼物。"

接着，他直起身，将另一束胸花拿在胸前，来到威廉一家的桌旁，"先生！"他对威廉说，"我可以将这些花献给您漂亮的女儿吗？"

他迅速将花递给威廉的妻子，祝愿他们一家圣诞快乐后便离开了店铺。

在座的每一个人都中止了用餐，望着水兵，寂静无声。转眼间，圣诞节的气氛像爆竹一样在店内骤然作响。

年老的卖花女跳起来，挥动20法郎，蹒跚地走到屋子中央，欢快起舞，并冲着钢琴手嚷嚷："约瑟夫，我的圣诞礼物！另一半归你，你也可以痛痛快快吃一顿了！"

约瑟夫急速弹奏《开明国王温西斯丽思》，他的十指魔术般地按着琴键，脑袋伴随节奏晃动不止。

威廉的妻子不失时机，随着音乐挥舞胸花。她热泪盈眶，容光焕发，仿佛年轻了20岁。她开始歌唱，三个孩儿也与妈妈一道，纵情高歌。

"妙，太妙了！"德国人大声叫喊，他们跳到椅子上，唱开了德国歌曲；店员搂抱着卖花女，摆动臂膀，用法语一展歌喉；动手揍孩子的那个法国人用餐叉敲击酒瓶打拍子，他的小孩骑在爸爸的膝上，咿咿呀呀；德国人为每一位顾客订了酒并亲自送上前来，与大家紧紧拥抱；另一家法国人要来香槟，诼卓敬酒，亲吻大家的双颊。店主开始高唱《第一个圣诞节》。大家都放开歌喉，一半人还哭了。

行人从街上拥入店内，许多人都无法入座。大家和着圣诞颂歌的节拍手舞足蹈，墙壁也随着振动。

在这个装饰简陋的饭铺内，一个原本让人沮丧的夜晚变成了最好的圣诞之夜。大家能拥有这样的经历，完全是因为遇见一位心灵中圣诞情意不灭的年轻水兵，他把大家因恼怒和失望而压抑着的爱情与欢乐释放了出来。他赠予了大家这个圣诞节！

（佚名）

做人不可太贪心

物极必反。人的贪欲太盛，到了丧失理性的地步，最后只会害了自己。

有这样一则寓言故事：

一个可怜的乞丐带着个破旧的钱包，挨家挨户地乞讨。他一面抱怨自己的命苦，一面前咕那些住高楼大厦、腰缠万贯者往往贪得无厌，以至亏掉老本。

"你瞧瞧这一家，从前的主人原来经营有方，积聚了不少财产，原本可以享用不尽，可是他却不知道适可而止，非要组织船队出海，想赚取更多，结果，船遇难了，一切都沉入海底，一切都化为乌有了，唉！"

"这一家也差不多，以前的主人原来承包时偷税漏税，获利百万，他还嫌少，使出浑身解数去投机，结果破产了。反正，这种例子多的是，这种贪得无厌、做事不知道谨慎的人，总是没好下场。"

"听着！打开你的钱包，我将给你大笔金元，但有个条件，凡是装在钱包里的都是金元，若掉在地上，就立刻变为尘土了。千万谨慎，我是说

到做到的。你的钱包已经旧了，别装得太多，免得它受不了。"

乞丐喜出望外，高兴得气都几乎喘不上来了，他喜滋滋地打开钱包，但见金元像流水一样泻下，钱包一下子就沉甸甸的了。

"够了吗？"

"不够！"

"钱包能承受得住吗？"

"不用担心，可以。"

"你已经富有得像国王一样啦！够了吗？"

"再添一点儿吧！"

刹那间，钱包裂了，金元"哗"地一声撒在地上，全部化为尘土。幸运之神也不见了，乞丐手里只剩下一个破的空钱包，他还是一无所有。

（佚名）

点燃心中的圣火

人人心中都有一盆圣火，一旦点燃，便会令人感觉到生命的庄严与可爱，从而使人平静地接受现实面对现实，并积极地去创造更丰富的个人生活。

一天，朋友告诉我一个小故事。

"有一个 11 岁的女孩，她的臀部长了东西，后来截了胶，但伤口被感染，病情恶化得更严重了。"朋友吸了口气，眼睛里闪着光彩，"医生说她暂时没什么事，但最多活不过两年。"

"孩子的母亲得知孩子没救时，也伤痛欲绝，决心让孩子快乐地走完余下不多的路程。孩子不能动弹，吃饭喝水都得有人喂，大小便也得有人帮忙，做母亲的也能尽心尽责，但半年后，母亲有点不耐烦了。母亲是个基督徒，她便祷告要上帝带走孩子，开始时还避着孩子，悄悄地暗中祷告，后来就在孩子枕边进行了。孩子从知道祷告内容的那一天起，就再也不理她了，并且精神越来越萎靡，吃得越来越少了，终于在一天夜里永远地闭上了眼睛。

朋友眼眶里泪花在打转，声音也有些发抖，"母亲的祷告也有客观原因，因为，第一太专注于那个孩子，必然会忽略了其他孩子和丈夫；第二经常目睹孩子病痛发作，她再也不能忍受看孩子被病痛折磨了，但是……"朋友的叙述声陡然增高，"但孩子至少还可以活半年，这是我做医生的堂弟对我说的。孩子的早死，是因为母亲的祷告断绝了她生的希望。

这个故事让我想起了史铁生的《命若琴弦》。

小说写的是两个瞎子，一老一小，老的是师傅，小的是徒弟，他们成年在群山中流浪，靠给山民说书换得微薄的三餐。

老瞎子的柳琴底部藏有一张神奇的药方，是他的师傅亲手为他放进去的。那时他还年轻，眼睛忽然失明了，痛苦地想结束生命，这时遇上了师傅。师傅把藏药方的柳琴交给他说："去弹唱，等弹破1000根琴弦，用这1000根断弦做药引，按药方抓齐药，就可以把你的眼睛治好了。"

把眼睛治好，这成了老瞎子的人生信仰；弹断1000根琴弦，是老瞎子的人生目标。

老瞎子走啊走，弹啊弹，肩头的断弦越来越多，额头的白发也越来越多，不知不觉中，自己也由健壮英挺的少年变成驼背的老人了。但他心中的希望从来没有破灭，他多么渴望再看一眼明媚多姿的世界啊。

第1000根弦终于弹断了，老瞎子背着一捆断弦，扶着柳琴来到药铺。药铺老板取出药方后立刻感到惊异了，老瞎子再三催促读一下，他小声地说："这，这上面什么也没写，只是白纸一张。"

老瞎子的身体在顷刻间倒下去，在一瞬间，他明白了师傅的苦心，也明白自己见不到明天的日出了。但是，不能死在这里，他想起了小瞎子。

深夜的时候，他已经在小瞎子身边了。他默默地打开了小瞎子的琴，

默默地把那张白纸放进去，默默地递过去，最后缓缓地说：

"不是 1000 根，而是 1200 百根，是我记错了。我没有时间再弹到了，现在药方给你，等你弹断 1200 根的时候，按药方抓齐药，就可以把你的眼睛治好了。"

第二天黎明时分，老瞎子就死了。不过，小瞎子开始专心为 1200 琴弦而奋斗了。

老瞎子传给小瞎子的不是一张白纸，而是一盆火，一盆圣火。这圣火中蕴藏着生的希望和生的力量。

有另外一位老人，这个世界上已让他无牵无挂了，他就孤零零地坐在竹椅里，一边晒太阳一边等待死神的降临。

可是有一天，他发现自己还不能去死，因为他遇上了一个被遗弃的小女孩，她还非常小，假如没有人照顾，可能今夜就会冻死在街头。

老人从竹椅里站起来，他对自己说：

"我还不能死，我还不能死，我还不能死。"

老人开始从城市里四处捡垃圾，然后用换来的钱供小女孩吃饭、穿衣和上学。

每天早上和晚上，老人都要对自己说一遍：

"我还不能死，我还不能死，我还不能死。"

这样过了二十年，小女孩长大了，并且也大学毕业了。当她找到所爱的人并嫁过去后，老人松了一口气，对自己说："我可以死了。"

无疑，老人多活了二十年，是因为有什么东西点燃了他心中的圣火。

（佚名）

维护你的尊严

你自己的行为正是别人应该怎样对待你的样板。如果你把它作为生活原则，那么你也就能维护自己的尊严和独立的人格，掌握自己的命运。

交际中，人们需要有自己的尊严和独立的人格。这儿有一些你用得着的策略，它能教人如何对待你。

要用尽可能多的行动而不是仅仅用语言来表现你的反抗。如果你的家人愿承担家庭义务，而你通常的反应只是发发牢骚，然后仍由自己把活干了，那么下次的结果仍将如此，与事无补。若你的儿子应该把垃圾倒掉，可他总忘，那么你只应提醒他一次。假如他在你限定的时间内还不干，你就心平气和地把垃圾倒在他的床上。用叫他立即把床上垃圾倒掉的做法来教训他，这要比你说很多话来教训他更为有效。

不要干你非常不愿干、或者不必由你承担的工作。两星期内不要割草坪的草也不要去洗衣店，看看会发生什么情况。如果你经济条件好，就试着雇个人来干这些活；或者向家人宣布：自己的事情自己干。一般来说，你之所以干着仆人的活，就因为你让人们觉得你将会干这些活，而且毫无怨言。

说些果断的话，哪怕在毫无意义的场合下也要这样做。对饭店服务员、售货员、陌生人、办事员和出租车司机要高声讲话。对专横的人要予以反唇相讥。你必须迈出这第一步，要克服恐惧的习惯。

不要说会招来人们损害你的话。比如，别在人前对自己下这样的评语：我没什么了不起；我并不精明；我从不明白法律上的问题。这些说法，实际上是在准许别人看不起你，甚至利用你。如果在一个饭店服务员算帐时，你告诉他你不善计算，那无异告诉他你不能够找出他计算中的差错。

当你碰到诉苦者、阻碍者、争论者、吹牛者或其他令人讨厌者时，你就平静地用这样的话来提醒他：你打扰了我；你在抱怨永远改变不了的事情。你在对方面前表现得越镇静，越直率，你处于牺牲者地位的可能就越少。

让别人知道，你有权拥有自己的时间。工休时，大胆地从繁忙的公务或高温炉边离开，休息一会儿，这种态度要坚决。不许别人侵占你的这些时间是最关键的。

要大胆地说"不！"这是世界上最好的否定词。忘记"嗯嗯呢呢"吧，这种声音会给别人造成误解。人们更尊敬的是"不"，而不是吱吱唔唔的搪塞。搪塞只能隐藏真情，但真情首先需得到自己的尊敬。

不要为自己的果敢行为而内疚。当有人对你表现出一副被刺痛的样子，或者送你一件礼物，或者回敬一名愤怒者时，你不要担心自己做错了，要抵制住这种想法的诱惑。在一般情况下，当你教训那些损害你的人时，他们对你此举会不知所措。所以遇到这种情况，千万不要动摇。

记住：你自己的行为正是别人应该怎样对待你的样板。如果你把它作为生活原则，那么你也就能维护自己的尊严和独立的人格，掌握自己的命运。

（韦恩·韦德伊尔）

发挥你的潜能

潜力总是在千钧一发之际才被激发显露。

英国牧师雪梨·史密斯讲了这样一个故事：

苏格兰地区有很多古堡与古迹，因此闹鬼的传闻也颇多。

有一天，一位小学老师因为公务繁忙，所以回家已是午夜时分。在他回家的路上，需经过一个坟场，而那天刚好有人新挖了一个墓，他经过时一个不小心，便摔到了那个大坑里。可是那个大坑又大又深，使得长得高大的老师怎么爬都爬不出去。后来，他索性坐在坑内，等天亮了后再说。

没想到不久后又有一个人途径此路，也是不小心而摔在坑内，只见他拼命地往上爬，当然是使出吃奶的力量也毫无办法。

"不用爬了，"那个小学老师说道，"你是爬不出去的。"

后来掉下去的人，大概以为是见到了鬼，吓得魂不附体，立刻手脚并用地往上爬，没想到三两下居然让他给爬了出来。当然，先前掉下去的小学老师也被救了上来。

（佚名）

给自己一片悬崖

不给自己留退路，就会有出路。

　　一位原籍上海的中国留学生刚到澳大利亚的时候，为了寻找一份能够糊口的工作，他骑着一辆旧自行车沿着环澳公路走了数日，替人放羊、割草。收庄稼、洗碗……

　　一天，在唐人街一家餐馆打工的他，看见报纸上刊出了澳洲电讯公司的招聘启事。留学生担心自己英语不地道，专业不对口，他就选择了线路监控员的职位去应聘。过五关斩六将，眼看他就要得到那年薪三万五的职位了，不想招聘主管却出人意料地问他："你有车吗？你会开车吗？我们这份工作时常外出，没有车寸步难行。"

　　澳大利亚公民普遍拥有私家车，无车者廖若星辰，可这位留学生初来乍到还属无车族。为了争取这个极具诱惑力的工作，他不假思索地回答："有！"

　　"4天后，开着你的车来上班。"主管说。

　　4天之内要买车、学车谈何容易，但为了生存，留学生豁出去了。他在华人朋友那里借了500澳元，从旧车市场买了一辆外表丑陋的"甲壳虫"。第一天他跟华人朋友学简单的驾驶技术；第二天在朋友屋后的那块大草坪上模拟练习；第三天歪歪斜斜地开着车上了公路；第四天他居然驾车去公司报了到。时至今日，他已是"澳洲电讯"的业务主管了。

　　这位留学生专业水平如何我无从知道，但我确实佩服他的胆识。如果他当初畏首畏尾地不敢向自己挑战，决不会有今天的辉煌。那一刻，他毅然决然地斩断了自己的退路，让自己置身于命运的悬崖绝壁之上。

（佚名）

新生活从选定方向开始

新生活是从选定方向开始的。

比塞尔是西撒哈拉沙漠中的一颗明珠，每年有数以万计的旅游者来到这儿。可是在肯·莱文发现它之前，这里还是一个封闭而落后的地方。这儿的人没有一个走出过大漠，据说不是他们不愿离开这块贫瘠的土地，而是尝试过很多次都没有走出去。

肯·莱文当然不相信这种说法。他用手语向这儿的人问原因，结果每个人的回答都一样：从这儿无论向哪个方向走，最后还是转回到出发的地方。为了证实这种说法，他做了一次试验，从比塞尔村向北走，结果三天半就走了出来。

比塞尔人为什么走不出来呢？肯·莱文非常纳闷，最后他只得雇一个比塞尔人，让他带路，看看到底是为什么？他们带了半个月的水，牵了两峰骆驼，肯·莱文收起指南针等现代设备，只挂一根木棍跟在后面。

10天过去了，他们走了大约800英里的路程，第11天的早晨，他们果然又回到了比塞尔。

这一次肯·莱文终于明白了，比塞尔人之所以走不出大漠，是因为他们根本就不认识北斗星。在一望无际的沙漠里，一个人如果凭着感觉往前走，他会走出许多大小不一的圆圈，最后的足迹十有八九是一把卷尺的形状。比塞尔村处在浩瀚的沙漠中间，方圆上千公里没有一点参照物，若不认识北斗星又没有指南针，想走出沙漠，确实是不可能的。

肯·莱文在离开比塞尔时，带了一位叫阿古特尔的青年，就是上次和他合作的人。他告诉这位汉子，只要你白天休息，夜晚朝着北面那颗星走，就能走出沙漠。阿古特尔照着去做了，三天之后果然来到了大漠的边

缘。阿古特尔因此成为比塞尔的开拓者，他的铜像被竖在小城的中央。铜像的底座上刻着一行字：新生活是从选定方向开始的。

（佚名）

做什么都要尽力而为

即使干着似乎是徒劳无益的事情，也应该尽力而为。

1903 年，我在纽约参加一出名叫《向上，向上》的话剧演出，其中一场是询问某件事情的场面。一开始，是我与两个怒气冲冲的人争执不休的表演，他们一个是通过电话和我争吵，一个是在我桌子边和我争吵。

这出剧得到了各种不同的评论，后来我们剧团移到一个小剧院去演出，削减了薪水，希望演出能够进行下去，但是前景黯淡。

很多夜晚我都为我所扮演的角色发愁。后来我决定稀里糊涂对付了事，何苦为没有前途的事情卖大力气呢？

可是，不知怎么搞的，上教会学校时读到的《圣经》里的一句话出现在我的脑海里："无论干什么事，都要尽力而为。"

于是，在每一次演出时，我都全力投入到这场戏中，每次演完这场戏，我都是满身大汗。有时，自己也觉得这样干很愚蠢。

几个月后，有一天我突然接到自称代表霍华德?

休斯的人给我打来的电话，他说："休斯先生打算把《扉页》拍成电影，他想邀请你参加。"

后来，这部电影的导演刘易斯?

米尔斯顿把这件事的原委告诉了我，他和他的一伙朋友访问纽约时，搞到几张轰动一时的戏剧的门票，可最后还是缺一张。于是，刘易斯就穿过马路，来看对面剧院里演出的《向上，向上》。

"有一场戏的确打动了我，"刘易斯说，"就是你在桌子边和别人争吵的那一幕。"结果他推荐我在《扉页》里相似的一场戏中扮演了一个角色。这就是我的电影生涯的开端。

所以，即使干着似乎是徒劳无益的事情，也应该尽力而为。

（佚名）

希望的播种

不要因为任何小事而放弃最纯真的梦想。

小时候，克奇尔每年夏天都要随父母去内布拉斯加的爷爷那里。

克奇尔记忆中的爷爷是佝偻着身子，瘸了腿的老人。听爸爸说，爷爷年轻时很英俊，很能干，他做过教师，26岁时就当选为州议员了，正是事业如日中天的时候他患了病——严重的中风。

宽阔的原野，高高的草垛，哞哞的牛声，脆脆的鸟鸣，使克奇尔流连忘返。

"爷爷，我长大了也要来农场，种庄稼！"一天早上，克奇尔兴致勃勃地说出了他的愿望。

"那，你想种什么呢？"爷爷笑了。

"种西瓜。"

"唔，"爷爷棕色的眼睛快活地眨了眨，"那么让我们赶快播种吧！"

克奇尔从邻居玛丽姑姑家要来了5粒黑色的瓜子，取来了锄头。在一橡树下，爷爷和克奇尔翻松了泥土，然后把西瓜籽撒下去。做完这一切，爷爷说："接下去就是等待了。"

当时克奇尔并不懂"等待"是怎么回事。那个下午，克奇尔不知跑了多少趟——去看看他的西瓜地，也不知为此浇了多少次水，把西瓜地变成一片泥浆。谁知，直到傍晚，西瓜苗却连影子也没有。

晚餐桌上，克奇尔问爷爷："我都等了整整一下午，还得等多久？"

第二天早晨，克奇尔一醒来就往瓜地跑。咦！一个大大的、滚圆滚圆的西瓜正瞅着他笑呢！克奇尔兴奋极了——他种出世界上最大的西瓜了！

稍大些，克奇尔知道这个西瓜是爷爷从家里搬到瓜地里的。尽管这样，克奇尔不认为那是一种游戏，是慈爱的爷爷哄骗孙子的把戏，那是在一个不懂事的孩子心中适时播下的一颗希望的种子。

如今，克奇尔已有了自己的孩子，事业上也有所成就。而克奇尔觉得自己乐天的性情与成功的生活是爷爷为他在橡树底下播的种子长成的——爷爷本来可以告诉他，在内布拉斯加州种不了西瓜，八月中旬也不是种瓜的时节，而且树荫下边也不宜种瓜……但是他没有这么做，而是让克奇尔实地体验了"希望"与"成功"的滋味儿。

给成功定一个期限

不成功的原因是因为时间太过充裕，让人们有了懈怠的心理。

与鲸、海豹等身体硕大的海洋哺乳动物相比，海獭算得上是小个子了。成年海獭体长 1.5 米，体重在 40 公斤左右。它们生活在阿留申群岛周围的海域中，智能在某些方面超过了类人猿。比如在捕食海胆时，它们会从水底捞起一块石头，自己平躺在水面，将石头放在肚皮上，然后用两只前爪抓住海胆用力地往石块上砸，直至将海胆坚硬的壳砸破，这样便可以享受鲜美的海胆肉了。

其实，令科学家惊叹的还不仅是海獭会用石块当砧板来砸开海胆壳的聪明，而是它们对成功捕食时间的准确把握。在这一点上，不管是草原上的狮子，还是我们至高无上的人类，都无法做到。海獭的潜水时间仅仅只有

4分钟，也就是说，在这4分钟里，它必须潜到50米以下的海水里去捕猎，如果超过了4分钟，它就会溺死在水里。所以，时间对于海獭来说就是生命，每一次捕猎，都是以倒计时来计算的，并且必须用上整个生命。它们只能在规定的时间内捕获到食物，不然，要么会被淹死，要么就会饿死。

海獭的食物大部分是海底生长的贝类、鲍鱼、海胆、螃蟹等。由于海獭非常清楚自己捕猎的时间有限，所以每次潜入水中之后，它便目标明确地去寻找自己的猎物，一秒钟时间都不敢耽误。它的速度也异常快捷，抓到猎物后，一定要在肺里的氧气用完之前冲出水面。它们长着小小的脑袋，小小的耳朵，滚圆的躯体。它们没有鲨鱼那样坚硬的牙齿，也没有金枪鱼那样锋利的长枪，它们没有任何强过海里其他动物的器官或武器，也并不适合在水里生活，可是，千百年来，它们就是靠着那4分钟的捕猎时间而在海里生存了下来。

其实，人生的时间并不短，跟海獭相比，我们的时间何止一千个一万个4分钟？不成功的原因也正是因为时间太过充裕，让人们有了懈怠的心理。如果给成功定一个期限，会不会又是另一种情况呢？

如果给成功定一个期限，便没有时间怨天尤人，也没有机会犹豫不决，而是会立即在有限的时间里明确自己的目标，然后全力以赴。

如果你还走在人生的十字路口，那么不妨给自己的成功定一个期限！

（沈岳明）

第二辑　路就在自己脚下

在人的一生中，每个人都不能保证一切顺利，然而人们在面对失败时大可不必灰心丧气，用心发现，其实路就在你脚下。

勇于信人

信任别人，别人才会信任你。

我8岁的时候，有一次去看马戏，见那些在空中飞来飞去的人抓住对方送过来的秋千，百无一失，我佩服极了。"他们不害怕吗?"我问母亲。

前面有一个人转过头来，轻轻地说："宝宝，他们不害怕，他们晓得对方靠得住。"

有人低声告诉我："他从前是走钢索的。"

我每逢想到信任别人这件事，就回想到那些在空中飞的人。生死间不容疏忽，彼此都必须顾到对方的安全。

我又想到，他们虽然勇敢，并且训练有素，要是没有信任别人的心，绝演不出那么惊人的节目。

平常生活也是如此。人活在世上需要信任别人，犹如需要空气和水。我们如果不信任别人，对人便无法诚恳。我们如果戴了假面具不能对人坦白，会有多么拘束难受! 一天到晚都提防别人，会害得我们脑筋瘫痪。要想受人爱戴，就得先信任别人。"有了信心才有爱，"心理分析专家佛罗姆说，"不常信任别人的人，也就不常爱别人。"

和信任我们的人相处，我们会放心自在。心理学家欧弗斯屈说:"我们不但可以卫护别人，而且在许多方面也影响别人。"信任或防范，能铸就别人的性格。

纽约州星星监狱前典狱长的太太凯瑟琳·劳斯，差不多每天都到监狱里去。犯人运动的时候，她的孩子往往和他们一起玩，她也和犯人一同观望。人家叫她提防，她说她并不担心。

因为她对犯人这样信任，她去世的时候消息立即传遍了监狱。犯人都尽量聚集在大门口。看守长看见那些犯人默默不语难过的样子，便把狱门敞开。

从早到晚，这些人排队到停放遗体的地方去行礼。他们的四周并无墙壁，但是，犯人也没有一个辜负狱方好意。他们都仍旧回到监狱里。这无非是犯人对这位太太表示的敬爱，因为她在世时曾经信任他们。

人与人处得融洽，全靠信任。老师要是能使堕落的学生相信她对他们只怀好意，那么，她的教育差不多就成功了。精神病学专家要费大部分时间劝精神错乱的病人信任他们，才能够动手治疗。人对人必须怀着好感，彼此信任，个人的日子才不至于过得一团糟。

我们为什么这样难以互相信任呢？主要原因是我们害怕。在飞机上或火车上往往有这种情形：两个人虽然并排而坐，却都怕开口。看他们那种矜持的样子，多么难受！犹太教法师赖布曼说："我们怕别人轻蔑我们，拒我们于千里之外，或者揭掉我们的假面具。"

信任别人的人，日常待人接物多么与众不同！有一次，我听见一个人形容他所认识的一个女人："她见到人便伸出两只手来迎接，仿佛是说：'我多么相信你！单单同你在一起，我就觉得非常高兴了！'而你离开她的时候，也会感觉到自己想做什么事都能成功。"

我们儿童时代忘不了的往事，常常会使我们处处提防别人。例如我认识一个人，是某公司的总经理，他就没有多少朋友。他 7 岁丧母，由姑母把他抚养成人。姑母一番好意地对他说："母亲出去看朋友了。"他白白盼望了好几个星期。这种隐瞒虽然出于善意，可是为了这件事，他长大以后再也不相信别人的话了。

要增进彼此的信任，我们首先必须有自信。美国诗人佛洛斯特说："我最害怕的，莫过于吓破胆子的人。"事实上，自觉不如人和能力不够的人，是不能信任别人的。不过，自信并不是认为自己毫无缺点。我们必须相信自己的地方也就是必须相信别人的地方。那就是：相信自己切实在尽自己的能力和本分做事，不管有没有什么成就。

其次，信任必须脚踏实地。我认识一个人，她有一次痛心地说："信任别人很危险，你可能受人愚弄。"假使她的意思是说，天下总有骗子，那么这句话是有道理的。信任不可建筑在幻觉上。不懂事的人不会一下子就变成懂事；你明明知道某人喜欢饶舌，就不应该把秘密告诉他。世界并不是一个毫无危险的运动场，场上的人也不是个个心怀善意。我们应该面对这个事实。

真正的信任，并不是天真地轻信。

最后，对别人信任需要有孤注一掷的精神——赌注是爱，是时间，是金钱，有时候甚至是性命。这种赌博并不一定常赢。但是，意大利政治家贾孚说："肯相信别人的人，比不肯相信别人的人差错少。"

不信任人，不能成大业。一个人要是不信任人，也不能成为伟人。美国哲学家和诗人爱默生说："你信任人，人才对你忠实。以伟人的风度待人，人才表现出伟人的风度。"

（佚名）

期末的那一天

灵感是一种心灵状态。

一个炎热的六月天，我收到了一只邮包。邮包以前也曾收到过，可这回收到的更像一只旅行用的大衣箱，用胶带和绳子封系得严严实实。

我还没开口，奶奶就发话了："别动，等你妈妈回来再打开。"

妈妈在一家银行管理账务，每天6点以后才到家。"打开箱子吧！"一见到她我就叫了起来。

春秋10载，我的生活平淡无奇，从未遇上太激动人心的事情，现在每一分钟都让我迫不及待。

"不，"妈妈笑着对我说，"我累了，先吃饭吧。"我焦躁不安，但还是无奈。晚餐上桌了，我吃得很快，想引起妈妈的注意，让她也吃得快点儿。而后我就洗涮碗碟，把椅子搬到邮包旁。爸爸转身玩他的填字谜游戏去了。在船上时，作为船长，他有着发号施令的绝对权威。可现在赋闲在家，只得接受妈妈和奶奶对他的怜悯。

妈妈和我一起解开绳结，我们没有把它割断，留着它只是因为绳子要花钱买，我们家境并不宽裕。

箱子终于打开了。里边全是衣服，是表姑寄来的，有些是表姑的女儿咪咪穿过的。咪咪比我大一岁，寄读于瑞典的一家女子学校，她的服装非常漂亮而且富有异国情调——与妈妈为我做的那些方格棉布衣裳大不一样。

我知道咪咪长得很美，而我尽管头发自然卷曲，五官也还端正，却从不知自己是否算美？有时我问妈妈、奶奶，她们总是对我说："美就是好看，就是漂亮。"这等于没作回答。也使我感觉到自己太平常了，但我心里是那样渴望美，渴望别人认为我是美的、漂亮的，只不过没人这么说过。

靠近箱底是一件白色礼服和一顶宽边帽，妈妈拿起来，说："我想这件应该合你身，试试瞧。"

我脱下身上的棉布校服。我感到妈妈和奶奶都笨手笨脚，好不容易才帮我穿上那白色礼服：薄绸布，束腰，碎花紧口折袖，光面无褶裙。我系上小水晶腰带，把帽子戴在头上。我注意到，平常喋喋不休的妈妈和奶奶，此刻缄默无声。我抬起头，看到她们脸上木然无神。

后来，妈妈说："雪莉，身子转一下。"我不声不响地听从，而后又一切依旧，那一瞬间就跟关上真空吸尘器差不多。

"这是一套社交礼服，"奶奶最后说。"派上用场的机会不多。"妈妈补充道，语调中带着失望。

突然，她兴奋起来，"期末那一天！"她惊喜道，"我要为她买一件新衬衫和白鞋子，配上这件衣裳，期末那一天她可以穿上。"

这件衣服使我高兴不已，对新鞋子和新衬衫的期待也使我乐不可支，但是穿上这套装束到学校去则使我感到不自然。

期末那天一大早，妈妈和奶奶把一个电镀大浴盆放到厨房，她们先放进自来水，然后兑上烧水壶里的热水。她们把我抱进浴盆，一起为我洗澡。而后，妈妈用长圆形的卷发器为我卷发。我穿着衬衫，系着围裙吃早餐，饭后又细细照照镜子，重又把脸洗一遍，"要充满信心！"

妈妈上班时，对我吻别说："愿你玩得开心。"我终于下定决心，准备步行去学校，尽管有半小时的路要走。姐姐在门口把一块洁白的手帕塞在我手里，再三嘱咐我不要擦鞋子。她伫立良久，一直目送我离去。

孤单单地，我越来越意识到发生了什么。我从未见过有谁上学时穿着如此漂亮的衣服，这简直有点像结婚礼服，尽管帽子戴在头上很舒服，但我还是不知道这样进教室会怎么样。

最后一天上学只是一种礼节，没有课，也没有活动，我们只是拿一下报告卡，见一见秋季里将为我们任课的老师，前后不会超过一小时。

当那些砖石校舍映入眼帘时，我开始想象那群女同窗该会怎样对我评头论足了。"你像谁呢？"她们或许会这样说，或者"如果你是新娘，那么新郎在哪儿呢？""愿你玩得开心！"妈妈的祝语又萦绕耳际。这只是她的良好愿望，我不敢想象，她不知我的同学们有多刻薄。

唯一可行的办法就是面对现实应付它。于是我把帽子戴好，使它高高翘起，更具魅力（就像奶奶所说的那样）。无论同学们怎样议论我，我都默不作声，走进教室则要面带微笑。

然而我所期待的反应并非如我所料。教室里安静无声，同学们身着盛服，看上去都很整洁。

比利，这个坐在我旁边的男孩，咧嘴而笑，忘乎所以。一旁的那个男孩一触及我的目光就低下头去，然后看着课桌若有所思，其实我知道他的桌上别无他物。

一位姣美的女同窗站起身，大胆地从桌子间的空道走过来，靠在我的桌子上，然后凑近我，直盯着我的眼睛。我竭力装出若无其事的样子，几乎忘了自己，而她则突然爽声一笑，然后什么都没说就回到自己的位子上。

老师来了。她看着我，脸上掠过一丝惊讶："你真好看。"然后又把注意力转向大家说："你们各位都很好。"

她发完汇报卡，就带我们去见新的年级教师。我坐下来的时候，心里就开始忐忑不安，抖个不停。老师的脸上明显地流露出惊讶之色，而我则希望得到一个评价，可她说的一连串的"不"字与戴着宽边帽进教室毫无关联。

学期结束了！我手里拿着汇报卡和手帕，朝校园的边门走去。在靠近学校的狭长的人行道上，我觉得有人跟在身后。我想看看是谁在跟我过不去。一转过身，就看见了比利，他依旧咧嘴而笑。难道他还想给我多留一点玩世不恭的印象？我屏住呼吸。

"你看上去确实很美。"他说。

"谢谢。"我答道，松了一口气。

（佚名）

一生要做的 50 件事

"如果你想让你的轮船开进来，就必须建一个码头。"

几周前，我跟着一位朋友走进一家艺术用品商店。我发现他要了水彩颜料。这令我很纳闷，因为他不是画家。

"我报名参加了一个水彩画学习班，下周就开课了。"

他腼腆地说，"我真是没有时间，但它是我所列的死前要做的 50 件事之一，所以我得去做。"

这听起来很有趣。"其他还有什么？"我问。

"什么都有。"他说，"每过几个月我都看看那张单子，来决定下一步该集中精力干什么。列单子之前，我总是为生活中损失的一切而伤感。现在我开始埋头实干了。"

"什么时候能让我看看你的单子？"我问。

"恐怕很难，"他说，"那会泄露关于我的很多东西。列出你自己的单子，你就会明白的。"

于是当晚我就列了一张单子，囊括了所有对我至关重要的内容，也流露出了自己对实现这些美梦的绝望。

仅仅列出这张单子就帮我理清了轻重缓急。我很快填出了前 20 件，但随后就开始细心斟酌了。最后我加上了向往多年的项目，年轻时就背负的梦想，以及初闻就在我心中产生共鸣的事情。

　　首先，我想到更多更远的地方去旅行。尤其是现在，孩子们都已长大，我想与孩子们完成 10 次旅行。我吃惊地发现单子上有些事情需要马上去做。例如，如果我想学开压路机，就得在 50 岁之前开始。当然，有些项目可以推迟到上了年纪时去干。我醉心于花草园艺，但现在抚养孩子、业务缠身的我难有闲暇来侍弄玫瑰。

　　某一天我想致力于一家医院婴儿室的志愿者工作。我还愿与青年们共事，指导年轻人，或去本地的高中服务，看来我也许需要考虑为一年一度的学校义卖会而学会做烧烤。有些项目令人生畏，因为它们意味着某种兢兢业业的投入。我想在世时出版一部小说，想攻读哲学博士，还想学绘画，并想用钢琴弹出四重奏。如果我打算实现这些目标，就得勤于笔耕并手不离琴。单子上的愿望我并不可能一一实现。有些事情非我能力所及，例如新西兰之行，以及最终也不会在我余生中成真的事情，比如拥有一匹良驹。然而，我发现我已经为许多这样的妄想构筑了框架，而且如果我今天把它们定为目标，那么明天设法使部分"成真"也并非毫无可能。

　　像我的朋友那样，现在我有了发泄不满的替代物。当我对生活感到厌倦时，就拿出那张单子。我也许会去函索取旅游小册子，或者在后院拿出画笔涂抹上一个小时，尽量把树林画得像模像样。

　　我不知道孩子们和我怎样才能去非洲。但如果它确实重要，我肯定会找出一个方案。他们中的一个也许长大后当了一名动物学家；或者我也许成为一名生态作家，因公被派往那儿；或者我们也许只需每星期都攒上几美元，直到够用为止。

　　我的一位表姐曾把一大串趣事变为现实。她曾对我说，关键在于筹备，这样生活就会神奇地运转。"如果你想让你的轮船开进来，就必须建一个码头。"她说。

　　多亏那张单子，我正在动工修建码头呢。

（佚名）

战胜不幸

学会了能力所能达成的事，然后就全心全意地尽力为之。

罗吉的父母总是这样教导他："你残障的程度取决于你如何看待自己的残障。"他们从不允许罗吉为自己感到难过或因自己残障就去占别人便宜。

除了两只手和一条腿外，罗吉·克劳馥具备所有可以打网球的条件。罗吉的父母第一次看到儿子时，他们所看到的婴儿，右前臂直接突出一个像拇指的东西，左前臂则突出一只拇指和一根手指。他没有手掌，已萎缩的右脚只有三个脚趾，已干枯的左脚后来也被锯断了。

医生说罗吉得了一种新生儿无指症，这是很罕见的新生儿疾病，在美国出生的小孩，9万个当中只有一个会得这种病。医生说罗吉可能永远无法走路或照顾自己。

好在罗吉的父母不相信这位医生所说的话。罗吉的父母总是这样教导他："你残障的程度取决于你如何看待自己的残障。"他们从不允许罗吉为自己感到难过或因自己残障就去占别人便宜。

有一次，罗吉有了麻烦，因为他的作业一直迟交——罗吉必须用两只"手"抓住铅笔才能慢慢写字。他要求父亲写一张纸条给老师，请老师准许他晚两天再交作业。他父亲没这样做，反而督促他早两天开始写作业。

罗吉的父亲一直都鼓励罗吉运动。他教罗吉如何打排球和橄榄球。

罗吉12岁时，便在学校的橄榄球队占有一席之地。

每场比赛之前，罗吉会在脑海中想象他得分的美梦，然后有一天他真的逮到机会了！球掉到他手臂上，他用假肢尽其所能地向得分线奔去，他的教练和队友都疯狂地欢呼。但有一个敌队的球员在10码线上追上了罗吉，他紧紧抓住罗吉的左足踝，罗吉试着要抽出他的假肢，但没有成功，他的假肢被拔下来了！

罗吉还站着，不知道该怎么办，下意识地，他开始往得分线跳过去。裁判也跑过来，他的手在空中大力一挥，得分！拿着他的假肢的小球员脸上露出了惊愕的表情。

罗吉对运动的热爱与日俱增，自信心也渐增：但罗吉的决心也无法克服所有困难，在餐厅吃午饭就让罗吉觉得非常痛苦，因为其他的小孩看得到他吃饭的笨模样；打字课老是过不了关，也带给罗吉同样的困扰。罗吉说："我从打字课学到了一个很好的教训，那就是你不可能每件事都会，最好的方式是，把注意力集中在你所能做的事上。"

罗吉能做的一件事便是旋转网球拍，美中不足的是，当他转拍子转得很快时，他无法紧紧地握好拍子，所以拍子常会掉下来。幸运的是，罗吉在一家运动用品店里意外地找到了一只看起来很古怪的球拍。当罗吉拿起这只球拍时，他出乎意料地刚好把手指伸入这只有两个把手的球拍，这"天作之合"使得罗吉可以转动球拍、发球和接球，就像一个四肢健全的选手。

他每天都练习，不久之后就开始参加比赛，当然也屡尝败绩。

但罗吉坚持下去了，他一再地练习，一再地参加比赛。左手两只手指的手术使罗吉更能握好他这只特殊的球拍，使他比赛的成绩大大进步了！虽然他没有前人可以指导他，罗吉对网球却越发着迷，不久他就开始赢球了！后来罗吉继续向大专杯进军，终其网球生涯，他获胜 22 次，输了 11 次。

他后来变成第一个被美国职业网球协会认可为专业教练的残障网球选手。

罗吉说："你们和我之间的唯一差别就是你们看得见我的残障，而我看不见你们的。我们每个人都有障碍，当人家问我是如何克服身体的残障时，我告诉他们我什么也没克服，我只是学会了我原先做不到的事，像弹钢琴或用筷子吃饭，但更重要的是，我学会了能力所能达成的事，然后就全心全意地尽力为之。"

（佚名）

路就在自己脚下

　　要不断提高自我应付挫折的能力，调整自己，增强社会适应力，坚信挫折中蕴含着机遇。

　　在人的一生中，每个人都不能保证一切顺利，然而人们在面对失败时大可不必灰心丧气，用心发现，其实路就在你脚下。

　　达尼是一个很有事业心的人，他在一家销售公司跟着老板一干就是5年，从一个刚毕业的大学生一直做到了分公司的总经理职位。在这5年里，公司逐渐成为同行业中的佼佼者，达尼也为公司付出了许多，他很希望通过自己的努力将企业带入一个更加成功的境地。然而就在他兢兢业业拼命工作的时候，达尼发现老板变了，变得不思进取、"牛"气十足，对自己渐渐地不信任，许多做法都让人难以理解。而达尼自己也找不到昔日干事业的感觉。

　　同样，老板也看达尼不顺眼，说达尼的举动使公司的工作进展不顺利，有点碍手碍脚。不久，老板把达尼解雇了。

　　从公司出来后，达尼并没有气馁，他对自己的工作能力还是充满了信心。不久，达尼发现有一家大型企业正在招聘一名业务经理，于是将自己的简历寄给了这家企业，没过几天他就接到面试通知，然后便是和老总面谈，最终顺利得到这份工作。工作大约一个月时间，达尼觉得自己十分欣赏该公司总经理的气魄和工作能力。同时，他也感到总经理同样十分赏识他的才华与能力。在工作之余，总经理经常约他一起去游泳、打保龄球或者参加一些商务酒会。

　　在工作中，达尼发现公司的企业图标设计相当繁琐，虽然有美感，但却缺乏应有的视觉冲击力，便大胆地向总经理提出更换图标的建议。没想到其实总经理也早有此意，总经理把这件事安排给他去完成。为了把这项工作做好，达尼亲自求助于图标设计方面的专业人士，从他们设计的作品中选出了比较满意的一件。当他把设计方案交给总经理的时候，总经理大加赞赏，立马升达尼为公司副总，薪水增加一倍。

是的，被解雇并不是一件坏事，达尼面对无情的解雇，凭借着才能找到了更适合自己的工作，而且得到了一位真正"伯乐"的赏识。

其实路就在脚下，被解雇了，我们并不用去计较，走过去，前面也许有更光明的一片天空在等着我们。

美国著名作家海明威在《老人与海》中，阐述了这么一个关于人的尊严的道理——"人可以被消灭，但不能被打败！"因此，我们才要不断地自我激励，不能因为一时的挫折就把自己的一生永远地困在困境的泥淖中。人的可贵之处在于，无论我们要跌倒多少次，都能从失败的废墟上站起来！站立的人方显得高大，人生也会因此而显得绚丽多彩。作为一个现代人，应具有迎接挑战的心理准备。世界充满了机遇，也充满了风险。要不断提高自我应付挫折的能力，调整自己，增强社会适应力，坚信挫折中蕴含着机遇。

也许在人生低谷的你正在为自己失业了而烦恼不堪。其实这于事无补，相信上帝在关上一扇门的同时会打开另一扇窗户，机遇的诞生可能就在这一切发生之时。

（佚名）

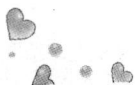

失败也是一次机会

"失败，是走上更高地位的开始。"

我们谁都不愿意失败，因为失败意味着以前的努力将付诸东流，意味着一次机会的丧失。不过，一生平顺，没遇到失败的人，恐怕是少之又少。所有人都存在谈败色变的心理，然而，若从不同的角度来看，失败其实是一种必要的过程，而且也是一种必要的投资。数学家习惯称失败为"或然率"，科学家则称之为"实验"，如果没有前面一次又一次的"失败"，哪里有后面所谓的"成功"？

全世界著名的快递公司DIL创办人之一的李奇先生，对曾经有过失败经历的员工则是情有独钟。每次李奇在面试即将走进公司的人时，必定会先问对方过去是否有失败的例子，如果对方回答"不曾失败过"，李奇直觉认为对方不是在说谎，就是不愿意冒险尝试挑战。李奇说："失败是人之常情，而且我深信它是成功的一部分，有很多的成功都是由于失败的累积而产生的。"

李奇深信，人不犯点错，就永远不会有机会，从错误中学到的东西，远比在成功中学到的多得多。

另一家被誉为全美最有革新精神的3M公司，也非常赞成并鼓励员工冒险，只要有任何新的创意都可以尝试，即使在尝试后是失败的，每次失败的发生率是预料中的60%，3M公司仍视此为员工不断尝试与学习的最佳机会。

3M坚持的理由很简单，失败可以帮助人再思考、再判断与重新修正计划，而且经验显示，通常重新检讨过的意见会比原来的更好。

美国人做过一个有趣的调查，发现在所有企业家中平均有三次破产的记录。即使是世界顶尖的一流选手，失败的次数毫不比成功的次数"逊色"。例如，著名的全垒打王贝比路斯，同时也是被三振最多的纪录保持人。

其实，失败并不可耻，不失败才是反常，重要的是面对失败的态度，是能反败为胜，还是就此一蹶不振。杰出的企业领导者，绝不会因为失败而怀忧丧志，而是回过头来分析、检讨、改正，并从中发掘重生的契机。

沮特·菲力说："失败，是走上更高地位的开始。"许多人之所以获得最后的胜利，只是受惠于他们的屡败屡战。对于没有遇见过大失败的人，他有时反而不知道什么是大胜利。其实，若能把失败当成人生必修的功课，你会发现，大部分的失败都会给你带来一些意想不到的好处呢！

（佚名）

愿望与现实之间

只要你在失意时，依然坚持再"往下挖一英尺"，你就可以获得成功了。

每个人都有一大堆的愿望，但他们却很难踏上实现的征程，影响他们作出选择的因素有时候很简单，那就是勇气。他们因为恐惧而害怕选择自己认为不可能的愿望，因此也错过了成功的机会。

1865 年，美国南北战争结束了。一名记者去采访林肯，他们有这么一段对话：

记者：据我所知，上两届总统都曾想过废除农奴制，《解放黑奴宣言》也早在他们那个时期就已草就，可是他们都没拿起笔签署它。请问总统先生，他们是不是想把这一伟业留下来，让您去成就英名？

林肯：可能有这个意思吧。不过，如果他们知道拿起笔需要的仅是一点勇气，我想他们一定非常懊丧。

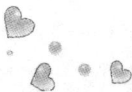

记者还没来得及问下去，林肯的马车就出发了，因此，他一直都没弄明白林肯的这句话到底是什么意思。

直到 1914 年，林肯去世 50 年了，记者才在林肯致朋友的一封信中找到答案。在信里，林肯谈到幼年的一段经历：

"我父亲在西雅图有一处农场，农场里有许多石头。正因如此，父亲才得以用较低价格买下它。有一天，母亲建议把上面的石头搬走。父亲说，如果可以搬走的话，主人就不会卖给我们了，它们是一座座小山头，都与大山连着。

"有一年，父亲去城里买马，母亲带我们到农场劳动。母亲说，让我们把这些碍事的东西搬走，好吗？于是我们开始挖那一块块石头。不长时间，就把它们弄走了，因为它们并不是父亲想像的山头，而是一块块孤零零的石块，只要往下挖一英尺，就可以把它们晃动。"

林肯在信的末尾说，有些事情人们之所以不去做，只是他们认为不可能。而许多不可能，只存在于人们的想像之中。

那些成功的人们，如果当初都在一个个"不可能"的面前，因恐惧失败而退却，而放弃尝试的机会，则不可能有所谓成功的降临，他们也将平凡。没有勇敢的尝试，就无从得知事物的深刻内涵，而勇敢作出决断了，即使失败，也由于对实际的痛苦亲身经历，而获得宝贵的体验，从而在命运的挣扎中，愈发坚强，愈发有力，愈接近成功。

（佚名）

走出过去的阴影

> 让我们在心灵的一个角落里，珍藏起我们走过的路上种种的喜怒哀愁、酸甜苦辣，然后，把更广阔的心灵空间留给现在，留给此时此刻！

没有一个人是没有过失的，如果有了过失能够决心去修正，即使不能完全改正，只要继续不断地努力下去，也就对得住自己的良心了。徒有感伤而不从事切实的补救工作，那是最要不得的！

人很容易被负疚感左右，在人们的文化中，内疚被当做一种有效的控制手段加以运用。

的确，我们应当吸取过去的经验教训，但绝不能总在阴影下活着，内疚是对错误的反省，是人性中积极的一面，但却属于情绪的消极一面。我们应该分清这二者之间的关系，反省之后迅速行动起来，把消极的一面变为积极，让积极的一面更积极。

哈蒙是一位商人，四处旅行，忙忙碌碌。当能够与全家人共度周末时，他非常高兴。他年迈的双亲住的地方，离他的家只有一个小时的路程。哈蒙也非常清楚自己的父母是多么希望见到他和他的全家人。但他总是寻找借口尽可能不到父母那里去，最后几乎发展到与父母断绝往来的地步。不久，他的父亲死了，哈蒙好几个月都陷于内疚之中，回想起父亲曾为自己做过的所有好事情。他埋怨自己在父亲有生之年未能尽孝心。在最初的悲痛平定下来后，哈蒙意识到，再大的内疚也无法使父亲死而复生。认识到自己的过错之后，他改变了以往的做法，常常带着全家人去看望母亲，并一直同母亲保持密切的电话联系。

大家再看一下赫莉是怎么处理的：

赫莉的母亲很早便守寡，她勤奋工作，以便让赫莉能穿上好衣服，在城里较好的地区住上令人满意的公寓，能参加夏令营，上名牌私立大学。赫莉的母亲为女儿"牺牲"了一切。当赫莉大学毕业后，找到了一个报酬较高的工作。她打算独自搬到一个小型公寓去，公寓离母亲的住处不远，但人们纷纷劝她不要搬，因为母亲为她做出过那么大的牺牲，现在她撇下母亲不管是不对的。赫莉立刻感到有些内疚，并同意与母亲住在一起。后来她看上了一个青年男子，但她母亲不赞成她与他交朋友，强有力的内疚感再一次作用于赫莉。几年后，为内疚感所奴役着的赫莉，完全处于她母亲的控制之下。而到最终，她又因负疚感造成的压抑毁了自己，并为生活中的每一个失败而责怪自己和自己的母亲。

当然，处在某种情境之下，我们的头脑会被外在因素所控制而不再清醒，不自觉地陷在内疚的泥潭里无法自拔。这时候既需要有人当头棒喝，更需要自己毅然决然作出选择。

（佚名）

信念的力量

　　　　生活中没有信念的人，犹如一个没有罗盘的水手，在浩瀚的大海里随波逐流。

1989 年，发生在美国洛杉矶一带的大地震，在不到 4 分钟的时间里，使 30 万人受到伤害。

在混乱和废墟中，一个年轻的父亲安顿好受伤的妻子，便冲向他 7 岁的儿子上学的学校。他眼前，那个昔日充满孩子们欢声笑语的漂亮的 3 层教学楼，已变成一堆废墟。

他顿时感到眼前一片漆黑，大喊："阿曼达，我的儿子！"跪在地上大哭了一阵后，他猛地想起自己常对儿子说的一句话："不论发生什么，我总会跟你在一起！"他坚定地挺起身，向那片看起来毫无希望的废墟走去。

他每天早上送儿子上学，知道儿子的教室在楼的一层左后角，他疾步走到那里，开始动手。

在他清理挖掘时，不断有孩子的父母急匆匆地赶来，看到这片废墟，他们痛哭并大喊："我的儿子！""我的女儿！"哭喊过后，他们绝望地离开了，有些人上来拉住这位父亲："太晚了，他们已经死了。"

"这样做无济于事，回家去吧！"

"冷静些，你要面对现实。"

这位父亲双眼直直地看着这些好心人，问道："你是不是来帮助我的？"没人给他肯定的回答，他便埋头接着挖。

救火队长挡住他："太危险了，随时可能发生起火爆炸。请你离开。"

这位父亲问："你是不是来帮助我的？"

警察走过来："你很难过，难以控制自己，可这样不但不利于你自己，对他人也有危险，马上回家去吧。"

"你是不是来帮助我的？"

人们都摇头叹息地走开了，认为他精神失常了。

这位父亲心中只有一个念头："儿子在等着我。"

他挖了8小时，12小时，24小时，36小时，没人再来阻挡他。他满脸灰尘，双眼布满血丝，浑身上下到处是血迹。到第38小时，他突然听见底下传出孩子的声音："爸爸，是你吗？"

是儿子的声音！父亲大喊："阿曼达！我的儿子！"

"爸爸，真的是你吗？"

"是我，是爸爸！我的儿子！"

"我告诉同学们不要害怕，说只要我爸爸活着就一定会来救我们，因为他说过'无论发生什么，我总会跟你在一起！'"

"你现在怎么样？有几个孩子活着？"

"我们这里有14个同学，都活着，我们都在教室的墙角。房顶塌下来架了个大三角形，我们没被砸着。我们又饿又渴又害怕，现在好了。"

父亲大声向四周呼喊："这里有14个孩子，都活着！快来人！"

（佚名）

把握人生

肯定自己的价值，把握自己的人生。

胡利奥·伊格莱西亚斯本是马德里的职业足球员，后来因车祸受伤瘫痪了一年半，他的球场生涯就此告终。在医院就医时，一位富于同情心的护士给了他一把吉他，帮助他消磨时间。虽然伊格莱西亚斯以前从来没想到要在音乐界发展，但自此之后，他竟然在流行音乐方面获得重大成就。

那次车祸实在是伊格莱西亚斯一生的分水岭，是一个一切从此改变的转折点。人生的分水岭可能是一场疾病、一次意外事故或一次偶然遭遇，也可能是有重大影响的事件。我们研究出把握人生中预料不到的时刻，使其成为发展机会的四大策略：

对自己负责

有句谚语说："时间能治愈一切创伤。"可是人生的经验显示，许多人经受不了危机，即使经过时间的治疗也不能完全恢复元气。因此，对于疾病、死亡、离婚或失业等沉痛经验，我们实在必须积极应付。有些人的应付方式是怨天尤人。然而事实很明显，我们对自己的生活终须负起责任。

艾眉结婚24年之后，丈夫跟她离婚。她既没受过任何职业的教育，又没有自力更生的信心，按理大有可能陷于自怜而从此一蹶不振。

可是，她并未如此。她奋力振作，对自己负责。"我要跨越创伤，替自己争一口气，"她说，"于是我去读经营房地产的课程，取得经纪执照，然后开设自己的事务所。我相信，不用多久，我就会成为这个城市中数一数二的独立经营房地产经纪人。"

不怕做出困难决定

人生分水岭的事情范围很广。女性远比男性重视与他人有关的问题，男性则较常提及与教育或职业有关的事件。从这些经历中获益最大的人，都认为抱着避免风险而只希望一切会变好的态度并不能使你有所发展。人们有所发展，是因为他们肯做出决定。

前美国广播公司电视节目"美国早安"主持人哈特曼在大学攻读的是经济学位。毕业时有很多极好的商界职位向他招手，但在大学时曾兼任无线电及电视广播员的哈特曼，却做出了一个很不容易的决定。他抛弃多年的学术训练和稳定的收入，在工作极不稳定的娱乐通讯界中开始他的事业。

敢于冒险往往会有大收获。女艺人玛丽·马丁在好莱坞一家夜总会的天才表演中，高歌一阕名为《吻》的圆舞曲之后，即声名鹊起，从此飞黄腾达。原来，她开始唱时是以歌剧的最佳嗓子和传统方式唱的，但唱到一半时她忽然兴起，改用爵士乐的调子唱下去。唱完时，全场起立鼓掌，她就此有了新的事业。

美国佳士拿汽车公司的总裁艾阿科卡深有感触地说："当机立断、稳中求胜，是优秀经理的标志，也是任何甘冒风险及发展真正自我的人的标志。"

谋求充实自己生活的关系

人际关系是人生的网络，它影响我们的思想、感受与行为，有时还是影响我们一生的途径。成功的人常常会告诉我们，他们在事业早期得过朋友或导师的指引。

甚至一个泛泛之交的人或陌生人，对我们的一生也可能有重大影响。棒球巨星坎本涅拉在他的事业近乎顶峰时，由于意外事故而变成瘫痪。一年后，他在一球场上坐在轮椅中休息时，忽然有位老大娘慢慢向他走来。她两腿镶有支架，走路时扶着拐杖。

她走到坎本涅拉面前，握住他那双软弱无力的手说，感谢他给了她活下去的勇气。原来他在纽约一家医院就医时，她也是那医院的病人。她中

风后半身不遂，因而厌世。但医院里的医生对她讲起坎本涅拉的勇敢，使她听了大为感动，于是决定努力活下去。她后来行程近 2000 公里，特地来当面感谢坎本涅拉，从而使坎本涅拉也得到了他以前给她的感召和勇气。

肯定自己的价值

在一般情形下，危机会伤害一个人的自尊心，从而使他更难于应付危机。我们在访问中发现，凡是能肯定自己价值的人，遇到困难时都不大会觉得自己无能为力，反而更可能影响事情的演变和寻求可以采取的途径。

保罗是一位很有成就的新闻记者。他在 6 岁时以难民身份抵达美国，早年在学校里因不会说英语而深感痛苦。他受到同学讥嘲时不是大打出手，便是转身逃避，结果养成了他所说的"难民心理"。这种心理表现在诸如此类的想法："不要破坏现状"、"到了人家这里就该知足"以及"这种东西轮不到你"等等。

后来他在一次夏令营活动时，生命有了转折点。"他们要我担任营里最有地位的职务——岸边指导员，因为我具备必要的资格，"保罗说，"这时，我照例听到内心的心声提醒自己：'这种东西轮不到你赢。你不是第一流的人。'可是，出乎意料之外，就像灯光忽然亮了似的，我一下子变得恍然大悟。现在应该轮到我了。于是，我便答应担任那个职位。"

保罗不能肯定他当时怎会恍然大悟，可是那一刻的确改变了他的一生，使他摆脱了心理羁绊，而变成"在我的世界里的真正自己"。

好的念头不会自动地在我们的生活中产生。我们之所以能够发展，是因为我们决心要发展，是因为我们积极应付我们的遭遇。

研究人员曾对一些中了 5 万美元以上彩票人进行研究，请他们谈谈在他们生命的这个阶段中有多快乐，预料几年后会多快乐，以及他们从同朋友谈话、看电视、吃午餐、听人讲笑话、受人恭维、阅读杂志和买新衣服等 7 件事中所得到的快乐；同时，研究人员又向一些未中奖者提出相同的问题。

结果发现，中奖者并不比未中奖者快乐，也不预料将来会更快乐，而且他们说，他们在那 7 件事中所得到的快乐也比未中奖者少。虽然中奖者获得一时的振奋和喜悦，但他们似乎失去了一部分欣赏普通乐趣的能力。更要紧的是，他们未能把那分水岭般的转变——中彩票——化为发展的机会。

你不必认为非中彩票才能出人头地。只要能认清楚一件分水岭般的事情对改变自己一生的重要性，并且把握住它而采取行动就行了。

（佚名）

冒险精神

有些人虽然年轻，却已失去了青春的朝气和冒险的精神，有些人虽然年老，却能青春焕发，充分发挥其聪明才智并做出巨大贡献。

人类究竟是如何去发现新的世界、创造新的境界的呢？

每当我思考这个问题时，就总会想起一桩往事。那是我在南九州的一个孤岛上所亲眼看到的故事。

居住在这个孤岛上的，除唯一的一户渔民外，还有近百只的野生猴子。我跟专门研究猴子的专家们，在那儿生活了近半个月时间。

在猴群中，年轻的猴子竟起着令人难以想象的作用。

这些猴子一向是生活在孤岛上的密林中。所以，它们对于海洋几乎是无缘，只是偶尔有只猴子不慎从山崖上失足落海而已。

不过，当专家们来到岛上给它们投放食物后，猴子们几乎每天都跑到海边来。

如今，猴子们不仅会在海中游泳，而且还学会了潜入海中捞贝吃，甚至还知道用海水冲洗甘薯。

自古以来海洋就处于岛屿四周。然而，过去的岁月对于猴子们来说，海的世界几乎是不存在，因为海洋并没有带给它们任何益处。

但如今在猴群的生活中，海洋却成了一个新发现，而完成这个新发现的正是猴群中的年轻者。

猴子的世界并非像人类世界这样自由。年长的猴子当了首领，就严格支配着整个猴群，而年轻的猴子就得服服帖帖受首领的欺压，年轻的猴子地位最低，因此，它们很少能得到好东西吃，在首领面前，也决不敢伸手拿好吃的东西，总是等到年长的猴子吃剩后，再走上前去。

不过，年轻的猴子有唯一的一项自由，那就是——冒险！

一天，一只年轻的猴子下到过去一向令它们畏惧的浅海中，可以说，这也是其中的初次冒险。这种冒险竟成功了。于是，年轻的猴子们便一个接一个地模仿起开拓者来。不久连猴崽和母猴也养成了这种习惯。贝类成了它们所喜爱的新食物，同时大家还学会了用海水洗甘薯。

这样做，不但能洗掉甘薯上的泥巴，而且还沾上了一点咸味，连它们也知道好吃多了。

只是猴子的首领怎么也不适应这种新习惯。对于总是生活在古老世界里的它来说，也根本无法养成这种新习惯。

我曾给喜欢吃橘子的猴子投放橘子。结果发现，掉在沙滩上的橘子年轻的猴子是捞不到的，因为这些全被首领抢走了。而掉进海里的橘子首领却一个也得不到，因为这些全被敢跳海的猴子拣走了。

在年轻的猴子中，有的竟能游过 300 米的海峡登上本土。这种冒险精神简直能和日本有名的冒险家相媲美。

人类的年轻人在长期的历史过程中，学到了很多智慧。拥有很多智慧，就能给人以更大冒险的可能性。但是，即使有可能性，也不能断定所有的年轻人都冒险。

人类智慧所形成的社会是极其复杂的。因为社会的习惯、制度等都是经过漫长的历史发展而来的，因此，要想突破这种习惯和制度去冒险，确非是易事。而且随着人智慧的增多，更容易产生胆怯。当年轻的猴子初次下海游泳时，难道它就有必须学会游泳登上本土的明确目标吗？想必是不会有的。它只不过是想乐观地尝试一下罢了。愈聪明愈不会轻易朝不明确的目标前进。当你总想等一切都调查好之后再尝试时，你就会逐渐失去尝试的勇气。

作为青年学生，一方面要通过学习增长智慧，另一方面还要永远保持冒险精神。不过，如何使两者并存起来，确实是个很困难的问题。但不管怎么说，在人类社会中，为了发现新的世界，创造新的境界，冒险精神无疑是十分需要的。

所谓冒险，并非仅指跨入未知的土地、海洋及宇宙。在人类社会中，当你遇到旧的习惯势力或不合理的制度时，还要设法去改革和变更它。而促成这种改革的势头本身就是一种很大程度上的冒险。

即便是猴子的冒险，也并非是光靠勇气和体力所能实现的。关心别人所不易注意的问题，以自己独特的思考力和方法去考虑和处理问题，乃是冒险的重要因素。要知道，如果某人是一位优秀的探险家，那么他同时也就是一位深谋远虑的人。

可以说，冒险精神属于年轻人。可是人类是颇复杂的高级动物，有些人虽然年轻，却已失去了青春的朝气和冒险的精神，有些人虽然年老，却能青春焕发，充分发挥其聪明才智并做出巨大贡献。

朋友，你们如何来发挥自己的冒险精神？又怎样对待别人的冒险精神呢

（佚名）

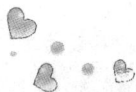

了解自己到底想要干什么

只有在知道你的目标是什么、你到底想做什么之后，你才能够达到自己的目的，你的梦想才会变成现实。

有一个 25 岁的小伙子，因为对自己的工作不满意，他跑来向柯维咨询。他对自己的生活目标是：找一个称心如意的工作，改善自己的生活处境。他生活的动机似乎不全是出自私心，而且是完全有价值的。

"那么，你到底想做点什么呢？"柯维问。

"我也说不太清楚，"年轻人犹豫不决地说，"我还从没有考虑过这个问题。我只知道我的目标不是现在的这个样子。"

"那么你的爱好和特长是什么呢？"柯维接着问，"对于你来说，最重要的是什么？"

"我也不知道，"年轻人回答说，"这一点我也没有仔细考虑过。"

"如果让你选择，你想做什么呢？你真正想做的是什么？"柯维对这个话题穷追不舍。

"我真的说不准，"年轻人困惑地说，"我真的不知道我究竟喜欢什么，我从没有仔细考虑这个问题，我想我确实应该好好考虑考虑了。"

"那么。你看看这里吧，"柯维说，"你想离开你现在所在的位置，到其他地方去。但是，你不知道你想去哪里，你不知道你喜欢做什么，也不知道你到底能做什么。如果你真的想做点什么的话，那么，现在你必须拿定主意。"

柯维和年轻人一起进行了彻底的分析。柯维对这个年轻人的能力进行了测试，他发现这个年轻人对自己所具备的才能并不了解。柯维知道，对每一个人来说，前进的动力是不可缺少的，因此，他教给年轻人培养信心的技巧。现在，这位年轻人已经满怀信心踏上了成功的征途。

现在，他已经知道他到底想干什么，知道他应该怎么做。他懂得怎样才能事半功倍，他期待着收获，他也一定能获得成功，因为没有什么困难能挡住他前进的脚步。

许多人之所以在生活中一事无成，最根本原因在于他们不知道自己到底要做什么。

在生活和工作中，明确自己的目标和方向是非常必要的。只有在知道你的目标是什么、你到底想做什么之后，你才能够达到自己的目的，你的梦想才会变成现实。

（佚名）

抓住命运的小鸟

只有积极进取，努力争夺，才可能获得满意结果。

她一直梦寐以求想当电视节目主持人。她觉得自己有这方面才干，因为每当她和别人相处时，即便是陌生人也愿意亲近她并和她交谈。她知道怎样从人家嘴里掏出心里话，朋友们都称她是自己亲密的心理医生。她就读于著名的复旦大学。父亲是著名的工程师，母亲在复旦大学任教，都很支持她帮助她实现自己的理想。于是，她见人就说："只要有人愿意给我一次上电视的机会，我相信一定成功。"几年过去了，奇迹并没有发生。因为现在的节目主管根本没精力和兴趣满天去搜寻天才，都是别人去找他们。

另一个叫张艳的同学却实现了我这位朋友梦寐以求的理想。她跟我一样，毕业于民办南方联合大学，家庭条件很差，无法供给她可靠的经济来源。所以，她白天去帮人打工，晚上到大学舞台艺术系进修。一拿到专业毕业证，她便开始谋职，跑遍了全省的电台电视台，一次又一次碰壁，但她没有退缩，最后被一家很小的广播站录用，在那儿她当上了主持人。有一次，省电视台和该小广播站录制一场晚会节目，省电视台领导发现了她，把她叫到省电视台试镜，结果，被录用了，她终于实现了自己到电视台做节目主持人的梦想。

由张艳的事例，我想到一则小故事。

在一座小山上，住着一个老人，据说他能回答任何人提出的问题。当地两个小孩打算愚弄他，他们捕住一只小鸟，来到老人身边。其中一个小孩握住那只小鸟问老人："鸟是死的还是活的？"老人不假思索地说："孩子，如果我说鸟是活的，你就会捏紧你的拳头把它弄死；如果我说鸟是死的，你就放开让它飞掉。"

其实，每个人的命运都如同小孩手中的小鸟，握在我们自己的手心。人的发展方向和生死成败，完全取决于我们的人生态度。俗话说："天下没有白吃的午餐。"你只有积极进取，努力争夺，才可能获得满意结果。如果只是一味地等待机会，就如同你躺在床上等待小鸟飞到你的手掌心，这样的话，影随你的也只有一次次的失望了。

（佚名）

勇敢地亮出自己

获得别人的欣赏，有时候并不仅仅因为有才华，而更多在于你怎样去推销自己，怎样将自己的才华展示出来。

美国钢铁大王卡耐基年轻时候家里很穷，有一天，他放学回家时经过一个工地，看到一个穿着华丽、像老板模样的人在那儿指挥。

"请问您们在盖什么？"卡耐基走上前去问那位老板模样的人。

"我们要盖座摩天大楼,给我的百货公司和其他公司使用。"那人说道。

"您真出色!我长大后要怎样才能像您这样?"卡内基以羡慕的口气问道。

"第一要勤奋工作……"

"这我早就知道了,大家都这么说,那第二呢?"

"买件红衣服穿!"

听了这话,聪明的卡耐基却十分不解:"这……这和成功有关系?"

"有啊!"那人指着前面一个工人说道,"你看他们都是我的员工,但因为都穿着清一色的蓝衣服,所以我一个也不认识……"

说完他又指着其中一位穿红衬衫的工人说道:"但你看那个穿红衬衫的工人,我一直在注意着他,虽然他的身手和其他人差不多,但是我却特别注意他,所以过几天我会请他做我的副手。"

(佚名)

战胜心底的溃退

只有彻底击败心底的溃退,才能走向成功。

2002年7月4日,刚好是美国独立日。美国百万富翁、58岁的冒险家史蒂夫·福塞特在经历6次失败之后,实现了梦寐以求的理想,驾驶着"自由精神"号热气球安全降落在澳大利亚昆士兰州一个枯竭的湖边,结束了他的第七次单人环球飞行。

其实,7月2日这一天,他的热气球飞过东经117度线的刹那间,就已经宣告航空史上又一个最伟大的记录诞生了。从2002年6月19日起,他一共飞行了13天m小时16分13秒,航程是33971.6公里,使我肃然起敬的倒不是航空飞行的记录,而是他那种经历了六次挫折后仍进行第七次

飞行的精神。那是一种永不言败的精神。

反观我们，失败之后，总有千万个理由，要是再给我一点时间的话，要是条件好一点的话，要是对方认真对待的话……。我们总有找不完的借口为自己失败开脱，却从来看不到自身的主观不足。如果我们能正视自己存在的缺陷，然后逐一弥补，那么，我们离成功也就更近了。但因为我们总在找客观原因，为自己的失败遮掩，所以错失了继续前行的勇气。

一次次冠冕堂皇的溃退也一次次斩断了通往成功的路途。因此，史蒂夫·福塞特的行为再次提醒我们：只有彻底击败心底的溃退，才能走向成功。

（佚名）

每秒摆一下

只要想着今天我要做些什么，明天我该做些什么，然后努力去完成，成功的喜悦就会慢慢浸润我们的生命。

我们常常不知道自己该做什么，或者有了目标，有了方法，却又害怕道路的漫长和艰辛，因此幼时的梦想便越走越远。风霜的磨砺和肩上的重担时时让我们不知所措，而最后的最后，我们发现，什么都已经来不及了。

有一个三只钟的故事总在这时候给人以启迪。

一只新组装好的小钟放在了两只旧钟当中。两只旧钟"滴答"、"滴答"一分一秒地走着。

其中一只旧钟对小钟说："来吧，你也该工作了。可是我有点儿担心，你走完3200百万次以后，恐怕便吃不消了。"

"天哪！3200万次。"小钟吃惊不已，"要我做这么大的事？办不到，办不到。"

另一只旧钟说："别听他胡说八道。不用害怕，你只要每秒'滴答'摆一下就行了。"

"天下哪有这样简单的事情。"小钟将信将疑，"如果这样，我就试试吧。"

小钟很轻松地每秒钟"滴答"摆一下，不知不觉中，一年过去了，它摆了3200百万次。

（佚名）

容易走的都是下坡路

那些最宁静、最快乐，大体说来最成功的人，就是那些一旦遭遇困难问题就迅速应付的人。

美国哲学家詹姆斯说："你应该每一两天做一些你不想做的事。"这是一个永恒不灭的真理，是人生进步的基础，是人们上进的梯级。支持詹姆斯主张的人很多。参议员艾夫斯有一句名言："容易走的都是下坡路。"

先解决最难的问题

哈佛大学法学院院长庞德，在年已九十之时，每天仍到他的办公室去工作八小时。他的秘书说："他很衰弱，但是每天逼着自己从他住的地方走过两个街口到办公室来，这段路要走一小时，他却一定要走，因为这使他自觉有成就感。"

一天，有个法学院学生从庞德院长办公室里出来，捧着一大堆书，一脸不高兴地低声抱怨说："总是这一套。我问一个很简单的问题，他可以用一个

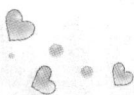

是或否回答,却给我十几本书,说可以在这些书里找到我所要的答案。"

庞德后来说:"这就是我学到的读书方法,艰难费事的方法。那孩子如能好好地钻研这些书,他就可以真正了解这个问题,将来也许成为一个好律师。"

优秀的专业人员和成功的名人差不多都是不畏艰难,全力以赴。文艺作品代理人布兰特在一次约会中说:"请等一下,我要打个电话。有一件很讨厌的事要做,要早点把它解决掉。"多数人遇到讨厌的事,总是尽量拖延不做。布兰特却表示:我学会了不畏艰难,我所遇到棘手的事,差不多每天都有,我就把它先解决,那么这天的精神就会愉快得多,工作效率也好得多。

并不是想象中那样困难

我们一旦正视困难,就很可能发现它并非我们所想象的那样麻烦。有个名为琼斯的新闻记者,极为羞怯怕生。有一天,他的上司叫他去访问大法官布兰代斯,琼斯大吃一惊,说道:"我怎能要求单独访问他?布兰代斯不认识我,他怎肯接见我?"

在场的一个记者立刻拿起电话打到布兰代斯的办公室,和大法官的秘书说话。他说:"我是明星报的琼斯。"(琼斯在旁大吃一惊)"我奉命访问法官,不知道他今天能否接见我几分钟?"他听对方答话,然后说:"谢谢你,一点十五分,我按时到。"他把电话放下,对琼斯说:"你的约会安排好了。"

事隔多年,琼斯提到:"从那时起,我学会了单刀直入的办法。做来不易,却很有用。我每次克服了心中的畏怯,下次就比较容易一点儿。"

大丈夫不从流俗

畏惧也可能有别的表现,例如不愿说出与别人不同的意见。多数人不愿在众人说"是"的时候挺身说"否"。为什么?是不应该有诚恳的异议吗?诗人爱默生曾说:"大丈夫不从流俗。"他说的不是怪僻癫狂的人,而是坦然无畏申述己见的人。许多人所谓的"难事"可能只是坦白说出自己的意见。

可是也有比坦白直言还要困难的事。有人问爱因斯坦他对理科学生有什么忠告？他毫不迟疑地答道："我要劝他们每天以一小时的时间排弃别人的意见，自行思考问题，这件事不易做，却很有收获。"

每日做点困难的事情

人类的头脑在强行使用之下，常会有极优良的成果。它可能创造出贝多芬的奏鸣曲、一出哈姆雷特、一枚火箭、电视机、米开朗基罗的雕刻、摩天大楼、金字塔。但是必须苦思深讨，才能有结果。

考验自己的地方很多。"每日做点困难的事"，可能是指读一本艰深的书，强令你运用思想。

一个新闻系学生问名专栏作家亚当斯："你签订合同，要每星期写五篇专栏文章时，你怎能有把握每星期想出五项新意见？"

亚当斯回答："如果容易到有把握的程度，这份工作就没有兴趣了。正因为我每天早晨要苦心思想意见，才能使我认为我不是白拿薪津。"

学生追问下去："如果想不出意见呢？"

亚当斯说："我就坐下来强迫自己动笔。"

任何人每天都有难题需要处理。那些最宁静、最快乐，大体说来最成功的人，就是那些一旦遭遇困难问题就迅速应付的人。这种不畏艰难的方法，到头来是达到心神泰然的最好方法。

（佚名）

为失败者喝彩

　　永远不要去嘲笑失败者，即使在他们失败无数次以后。

　　在外人看来，一个绰号叫思帕基的小男孩在学校里的日子应该是很让人看不起的。他读小学时各门功课都不理想。到了中学，他的理化成绩通常都是个位数，他打破学校有史以来理化成绩最糟糕的学生的记录。

　　思帕基在拉丁语、数学以及英语等科目上的表现同样惨不忍睹，体育也不见得好到哪里去。虽然他参加了学校的篮球队，但在赛季惟一一次重要比赛中，他输得一塌糊涂。

　　在他的成长时期，思帕基笨嘴笨舌，社交场合很少见他的踪影。这并不是说其他人都不喜欢他或讨厌他。事实是，在人家眼里，他这个人压根儿就是个隐形人。如果有哪位同学在学校外主动向他问候一声，他简直会受宠若惊，兴奋不已。

　　思帕基真是个无药可救的失败者。每个认识他的人都知道这一点，他本人也很清楚，然而，他对自己的表现似乎并不十分在乎。从小到大，他只对一件事情——画画感兴趣。

　　思帕基一直深信自己拥有不凡的画画才能，并为自己的作品深感自豪。但是，除了他本人以外，他的那些涂鸦之作从来入不了别人的法眼。上中学时，他向校外的一家杂志社投寄了几幅漫画，但最终一幅也没被采纳。尽管有多次被退稿的痛苦经历，思帕基从未对自己的画画才能失去信心，他决心今后成为一名职业的漫画家。

　　中学毕业那年，思帕基向著名的迪斯尼公司写了一封自荐信。该公司让他把自己的漫画作品寄来看看，同时规定了漫画的主题。于是，斯帕奇开始为自己的前途奋斗。他投入了巨大的精力与非常多的时间，以一丝不苟的态度完成了许多幅漫画。然而，漫画作品寄出后却杳无音信，最终迪斯尼公司没有录用他——思帕基再一次遭遇了失败。

生活对思帕基来说简直是黑夜。四处碰壁之时，他尝试着用画笔来描绘自己平淡无奇的人生经历。他以漫画语言讲述了自己灰暗的童年、不争气的青少年时光——一个学业糟糕的不及格生、一个屡遭退稿的所谓艺术家、一个无人注意的失败者。他的画也融入了自己对画画的执著追求和对生活的真实体验。

出乎意料的是，思帕基所塑造的漫画角色居然一炮走红，连环漫画《花生》很快就风靡全世界。从他的画笔下走出了一个名叫查理?

布朗的小男孩，这也是一名典型的失败者：他的风筝从来就没有飞起来过，他也从来没踢好过一场足球，他的朋友一向叫他"榆木脑袋"。

熟悉思帕基的人都知道，这正是漫画作者本人——日后成为大名鼎鼎漫画家的查尔斯·舒耳茨——早年平庸生活的真实写照。

（佚名）

和时间比赛

假若你一直和时间比赛，你就可以成功。

读小学的时候，他的外祖母过世了。外祖母生前最疼爱他，他无法排除自己的忧伤，每天在学校操场上一圈又一圈地跑着，跑得累倒在地上，扑在草坪上痛哭。

那哀痛的日子，断断续续地维持了很久，他的爸爸妈妈也不知道如何安慰自己的儿子。他们知道与其骗儿子说外祖母睡着了（可那总有一天要醒来），还不如对儿子说实话：外祖母永远不会回来了。

"什么是永远不会回来呢？"他问着。"所有时间里的事物都永远不会

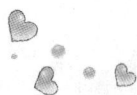

回来，你的昨天过去，它就永远变成昨天，你不能再回到昨天。爸爸以前也和你一样小，现在也不能回到你这么小的童年了；有一天你会长大，你会像外祖母一样老；有一天你度过了你的时间，就永远不能回来了。"爸爸说。爸爸等于给他讲了一个谜语，这谜语比课本上的"日历挂在墙上，一天撕去一页"，使他心里着急，还让他感到可怕；也比作文本上的"光阴似箭，日月如梭"，更让他觉得有一种说不出的滋味儿。

以后，他每天放学回家，在家里的庭院里面看着太阳一寸一寸地沉进了山头，就知道一天真的过完了，虽然明天还会有新的太阳，但永远不会有今天的太阳了。

他看到林鸟飞过空中归巢，它们飞得多么快呀，明天它们再飞过同样的路线，也永远不是今天了。而或许明年飞过这条路线的不是老鸟，而是小鸟了。

时间过得那么飞快，使他幼小的心眼儿里不只是着急，而是悲伤。有一天，他放学回家，看到太阳快落山了，就下决心说："我要比太阳更快地回家。"他狂奔回去，站在庭院前喘气的时候，看到太阳还露着半边脸，他高兴地跳跃起来，那一天，他跑赢了太阳。以后，他就时常做那样的游戏，有时和太阳赛跑，有时和西北风比快，有时一个暑假才能完成的作业，他十天就做完了。那时，他三年级，常常把哥哥五年级的作业拿来做。

每一次比赛胜过时间，他都快乐得不知道怎么形容。

后来的二十年里，他因此受益无穷，虽然他知道人永远跑不过时间，但是人可以比自己原来有的时间跑快一步，如果跑得快，有时可以快好几步。那几步很小很小，用途却很大很大。

我想，你应该明白：假若你一直和时间比赛，你就可以成功。

（佚名）

机遇无处不在

在现实生活中，机遇无处不在，关键是你能不能把握而已。

洪水淹没了村落。一位神父在教堂里祷告，眼看洪水就要淹到他跪着的膝盖了。

这时，一个救生员驾着小船来到教堂，说道："神父，快！赶快上来！不然洪水会把你淹没的！"

神父说："不！我要守着我的教堂，上帝会来救我的。"

过了不久，洪水已经淹过神父的胸口了，神父只好勉强站在祭坛上。这时，一个警察开着快艇过来了："神父，快上来！不然你会被淹死的！"神父说："不！我要守着我的教堂，我的上帝一定会来救我的。你先去救别人好了。"

过了一会儿，洪水已经把教堂整个淹没了，神父在洪水里挣扎着。一架直升机飞过来，飞行员丢下绳梯大叫"快！快上来！这是最后的机会了，我们不想看到你被淹死！"神父还是固执地说："不！上……上帝会来救我的……"话还没说完，神父就被淹死了。

神父死后见到了上帝，他很生气地质问："上帝啊，上帝，我一生那么虔诚地侍奉你，你为什么不肯救我？"

上帝说："我怎么不肯救你？第一次，我派了小船去找你，你拒绝了；第二次，我又派了一艘快艇去救你，你还是不肯上船；最后，我派了一架直升机去救你，结果你还是不肯接受。是你自己没有把握机会啊，怎么能怪我呢？"

（佚名）

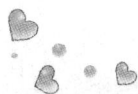

远离扯你后腿的人

千万要小心那些消极的人，千万不要让他们破坏你的成功计划。

请你记住：说你办不成某事的人，都是无法成功的人。他个人的成就顶多普普通通而已。因此，这种人的意见对你有害无益。

请你多多提防那些说你办不到的人吧，只能把他们的警告看成"证明你一定能办得到"的挑战，仅此而已。

大卫念大学的时候，一连好几个学期都和 W 先生在一起，他是个好人，是在你缺钱的时候借点儿小钱，或者帮点儿小忙的那种人。虽然他有这种美德，但是他对自己的生活、前途和各种机会却尖酸刻薄，吹毛求疵。

每当同学们谈到如何出人头地时，这位老兄就抢着说他的发财公式。他是这么说的："大卫，目前只有三个方法可以名利双收：第一个就是跟一个富婆结婚；第二个就是神不知鬼不觉地去抢劫；第三个就是想尽所有的办法拉关系，以便有机会多认识一些有头有面的大人物。"

他时常举例说明他的发财公式如何管用。他会从报纸上挑出一个社会新闻来证明他的看法。例如，一个非常著名的劳工领袖居然把所有的基金卷走潜逃。他还会一边张大眼睛看那"水果小贩跟富婆结婚"的花边新闻，一面故意大声念给大卫听。此外，他还知道有一个家伙利用第三者的关系辗转认识一个"大人物"，因而争取到一笔大买卖，发了大财。

大卫不知不觉受到他消极观念的影响，陷入"放弃成功的基本信念"的漩涡。

好在一天晚上跟这位老兄长谈一番后，大卫恍然大悟，发觉自己正在倾听失败的论调。

从那时候开始，大卫就把这位老兄看成是一个试验品，再也不相信他的话，只是分析这个人而已。

往后 11 年间，大卫一直没有再见过他，但是有一个他们认识的朋友几个月以前见到他。他在华盛顿做绘图员，收入很低。大卫问这位朋友："他的作风有没有改变呢？"

"没有！还是老样子，如果一定要说他有点儿改变的话，那就是变得比以前更消极而已。我们知道他确实很有头脑，如果肯动脑筋的话，可以赚到五倍的收入。只是他不会用。"

消极的人随处可见。有些消极的人心肠极好——就像上面那位几乎使大卫受到影响的人。

另外还有一些消极的人，自己不知上进，还想把别人也拖下水，他们自己没有什么作为，所以想使别人也一事无成。

世界著名演艺大王佛洛门先生，在他成功之初，曾经因为将要演出一场别人已经演过但失败的戏而遭受一些自认为"内行"的人的讥笑，他们劝他与其演出这样一个老戏，不如在家睡觉好，但是他并不把他们的讥笑放在心上。

这个戏以前在波士顿上演过，但失败了，因此有许多戏院都把它从一切节目中剔除，认为那是一个注定失败的戏，可是佛洛门却花一大笔钱，又把戏稿买了过来。他有一个在戏剧界中久负盛名的朋友，劝他不要买这赔钱货，说他的行为近乎白痴。可是最后，他用事实证明了他的勇敢并不是"白痴"的行为。上演时的场景非常可观，观众每天都挤得水泄不通，可以说是演艺界的空前盛况。

佛洛门是碰到好运了吗？他的行为是与赌博一样吗？不，他是睁大眼睛去干的，他根据他 12 年来的经验，早已料到这次必定会成功的。

他成功的唯一秘诀就是"自己觉得已有十分把握时，尽可能不顾别人怎样批评，还是勇敢地去做"。这秘诀使他从一名小小的戏院售票员成为"世界娱乐业大王"，报纸赞扬："一手统治世界上数十家著名戏院，替数千演员创造发挥天才的机会。他在美国、英国、法国的戏院中，都稳坐第一把交椅。"

千万要小心那些消极的人，千万不要让他们破坏你的成功计划。

当你有任何困难时，要找第一流的人物来帮你出主意才好。如果向一个失败者请教，就跟请算命巫婆来治癌症一样可笑。

（佚名）

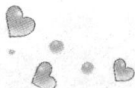

侥幸的几率

　　谁都无法左右侥幸的几率，因为它最多只有50％；但剩下的50％却是你可以100％做主。

　　一家高级轿车代理商的总经理决定从两位业务主管当中选出一位来接替他的位子，于是他找来两位候选人，说出他的目的后，布置一项任务，来评估谁会比较合适成为他的继承者。

　　老总布置的任务很简单，他说德国原厂50辆最新款的轿车就要运抵，他想给这两位业务主管三个月的时间，看谁卖得最多，谁就是新的总经理。

　　只是老总特别向他们强调一点，原厂告知，这款车有一个电子零件有瑕疵，瑕疵现象的发生几率只有50％，但因为这个瑕疵不会影响到行车及安全性，所以原厂没有计划主动召回车子。但是若瑕疵现象真的发生了，则零件要等三个月后才能运抵并帮客人换修。

　　两位候选人都相当有信心，因为根据销售记录，他们两人都具有在三个月内卖掉30辆车的实力。

　　但最后的销售状况却出现很大的落差，因为在三个月竞赛期满的时候，其中一个业务主管卖出了49辆，但另外一位却一辆也没卖出。

　　老总对这样的结果感到很纳闷，他调出过去三个月来这两位竞争者的销售日报表，他惊讶地发现，两人的来客数及试车数不相上下，但销售量却大相径庭。好奇的老总于是央请一位朋友乔装成顾客，分别向这两位候选人买车。

　　经过详细的介绍，并且煞有介事地试驾这款新车后，老总的朋友很满意地向那位已卖出49辆的业务主管说："请问最快何时可以交车？""可以立刻交车。"老总的朋友回答说两天内决定。

第二天，老总的朋友来向另一位没卖一辆的业务主管卖车试车后，问："请问最快何时可以交车？""三个月。""为何要这么久？""因为此款车进量有限，我的配额刚好卖完，若您急着要车，我可以介绍您向我的同事购买，他还有最后一辆！"

老总在听完朋友的叙述后，好奇地找来那位落败的主管，问他为何要将客户往竞争对手那里推。"听说在卖出去的49辆中，有30辆是你介绍的。为什么要这样做？"这位主管说："从员工的角度，我有达成销售的责任，因此不能停止销售这50辆车；但从自己的角度，我无法卖一辆事先知道有瑕疵、却没有零件可以更换的车子给客人，这跟我自己的原则抵触。所以在向客人介绍时，我都如实告知此瑕疵。虽然造成最后别人卖得比我多，但如果他被您选为总经理，就表示您比较在乎业绩，比较不在乎诚信。从职场生涯角度看，我也应该不合适这样的企业文化。"

就在这个时候，那位卖了49辆车的业务主管走进办公室，脸色不大好看地拿来一张文件给老总，说这是德国原厂发的电子邮件，上面写着："25件备品要再延30天才能交货。"

这位业务主管不安地对老总说："又要延30天，我有好多客户吵着要退车！"老总问："有几位？"业务主管说："25位。"

25位刚好是50辆的一半，有趣的50%侥幸几率，逃都逃不掉，50%的零件瑕疵率全部都出现了。

我们都知道，你若投100次的硬币，正反面的几率各是50%。换句话说，谁都无法左右侥幸的几率，因为它最多只有50%；但剩下的50%却是你可以100%做主。

在这个故事中，卖出车的业务主管选择50%的侥幸几率，没卖出车的业务主管没有选择侥幸几率。如果你是要买车的顾客，你会跟谁买车？如果你是老总，你会选谁当总经理？可以确定的是，没有谁愿意被那50%的侥幸几率击中！

（佚名）

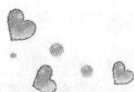

第三辑 做自己的主人

人若失去自己，是一种不幸；人若失去自主，则是人生最大的缺憾。赤橙黄绿青蓝紫，谁都应该有自己的一片天地和特有的亮丽色彩。你应该果断地、毫无顾忌地向世人宣告并展示你的能力、你的风采、你的气度、你的才智。

生命的柠檬茶

人生需要细心的品味

一对情侣在咖啡馆里发生了口角，互不相让。然后，男孩愤然离去，只留下他的女友独自垂泪。

心烦意乱的女孩搅动着面前的那杯清凉的柠檬茶，泄愤似的用匙子捣着杯中未去皮的新鲜柠檬片，柠檬片已被她捣得不成样子，杯中的茶也泛起了一股柠檬皮的苦味。

女孩叫来侍者，要求换一杯用剥掉皮的柠檬泡成的茶。

侍者看了一眼女孩，没有说话，拿走那杯已被她搅得很混浊的茶，又端来一杯冰冻柠檬茶，只是茶里的柠檬还是带皮的。原本就心情不好的女孩更加恼火了，她又叫来侍者。"我说过，茶里的柠檬要剥皮，你没听清吗？"她斥责着侍者。侍者看着她，他的眼睛清澈明亮，"小姐，请不要着急，"他说道，"你知道吗，柠檬皮经过充分浸泡之后，它的苦味溶解于茶水之中，将是一种清爽甘甜的味道，正是现在的你所需要的。所以请不要急躁，不要想在3分钟之内把柠檬的香味全部挤压出来，那样只会把茶搅得很混，把事情弄得一团糟。"

女孩愣了一下，心里有一种被触动的感觉，她望着侍者的眼睛，问道："那么，要多长时间才能把柠檬的香味发挥到极致呢？"

侍者笑了："12个小时。12个小时之后柠檬就会把生命的精华全部释放出来，你就可以得到一杯美味到极致的柠檬茶，但你要付出12个小时的忍耐和等待。"

侍者顿了顿，又说道："其实不只是泡茶，生命中的任何烦恼，只要你肯付出12个小时忍耐和等待，就会发现，事情并不像你想象的那么糟糕。"

女孩看着他："你是在暗示我什么吗？"

侍者微笑："我只是在教你怎样泡制柠檬茶，随便和你讨论一下用泡茶的方法是不是也可以泡制出美味的人生。"侍者鞠躬，离去。

女孩面对一杯柠檬茶静静沉思。女孩回到家后自己动手泡制了一杯柠檬茶，她把柠檬切成又圆又薄的小片，放进茶里。

女孩静静地看着杯中的柠檬片，她看到它们在呼吸，它们的每一个细胞都张开来，有晶莹细密的水珠凝结着。她被感动了，她感到了柠檬的生命和灵魂慢慢升华，缓缓释放。12个小时以后，她品尝到了她有生以来从未喝过的最绝妙、最美味的柠檬茶。女孩明白了，这是因为柠檬的灵魂完全深入其中，才会有如此完美的滋味。

门铃响起，女孩开门，看见男孩站在门外，怀里的一大捧玫瑰娇艳欲滴。"可以原谅我吗？"他讷讷地问。

女孩笑了，她拉他进来，在他面前放了一杯柠檬茶。"让我们有一个约定，"女孩说道，"以后，不管遇到多少烦恼，我们都不许发脾气，定下心来想想这杯柠檬茶。"

"为什么要想柠檬茶。"男孩困惑不解。

"因为，我们需要耐心等待12个小时。"后来，女孩将柠檬茶的秘诀运用到她生活中的各个层面，她的生命因此而快乐、生动和美丽。女孩恬静地品尝着柠檬茶的美妙滋味，品尝着生命的美妙滋味。

记住那位侍者的话："如果你想在3分钟内把柠檬的滋味全部挤压出来，就会把茶弄得很苦，搅得很混。"

（佚名）

世上最不幸的人

　　人生短暂，要做的事情很多，只要拥有包容的心，一切不快乐都会过去。

　　一个人在他 20 多岁时被人陷害，在牢房里待了 10 年。后来冤案告破，他终于走出了监狱。出狱后，他开始了几年如一日地反复控诉、咒骂："我真不幸，在最年轻有为的时候竟遭受冤屈，在监狱度过本应最美好的一段时光。那样的监狱简直不是人居住的地方，狭窄得连转身都困难。唯一的小窗口里几乎看不到阳光，冬天寒冷难忍，夏天蚊虫叮咬……真不明白，上帝为什么不惩罚那个陷害我的家伙，即使将他千刀万剐，也难解我心头之恨啊！"

　　75 岁那年，在贫病交加中，他终于卧床不起。弥留之际，牧师来到他的床边："可怜的孩子，去天堂之前，忏悔您在人世间的一切罪恶吧……"

　　牧师的话音刚落，病床上的他声嘶力竭地叫喊起来："我没有什么需要忏悔，我需要的是诅咒，诅咒那些施予我不幸命运的人……"

　　牧师问："您因受冤屈在监狱待了多少年？离开监狱后又生活了多少年？"他恶狠狠地将数字告诉了牧师。

　　牧师长叹了一口气："可怜的人，您真是世上最不幸的人，对您的不幸，我真的感到万分同情和悲痛！他人囚禁了你区区 10 年，而当你走出监牢本应获取永久自由的时候，您却用心底里的仇恨、抱怨、诅咒囚禁了自己整整 50 年！"

　　对仇人的报复只会使你内心超负荷。医学上认为，如果内心压力过大，长期性的高血压和心脏病就会如影随形，伴你度过痛苦的一生。因为

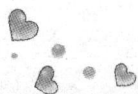

你胸怀报复之心，所以你将因无法排泄的怨气而缺乏对理想的执著与追求，事业的成功自然遥遥无期。

忘记仇恨就是快乐。人人都有痛苦，都有伤疤，经常去揭，会添新伤。学会忘却，生活才有阳光，才有欢乐。如果没有忘却，人不会快乐，只会淹没在对过去的懊悔、痛苦和对未来的恐惧、忧虑与烦恼之中，人的大脑与神经会因不堪重荷而错乱，心也会被人生必经的一切坎坷咬噬着，永远没有喘息的机会；如果没有忘却，人们可能会因为人与人之间的小摩擦而终生没有朋友、没有伴侣；如果没有忘却，那么我们除了在既没有多少记忆也不需要忘却的婴儿身上看到最天真的欢愉之外，不会再看到洋溢着幸福的脸。

忘记仇恨就是潇洒。宽厚待人，忘记仇恨，乃事业成功、家庭幸福美满之道。事事斤斤计较、患得患失，活得也累。法国 19 世纪的文学大师雨果曾说过这样一句话："世界上最宽阔的是海洋，比海洋宽阔的是天空，比天空更宽阔的是人的胸怀。"人难得在滚滚红尘中走一遭，何必自己去寻找那么多的烦恼呢？

实际上，忘记仇恨也是爱他人、爱世界的一种方式。在现实生活中，你千万不要拿显微镜看周围。人人都有不足，事事都有缺憾。但是瑕不掩瑜，只要我们忘记仇恨，不刻意追求完美，就会从中发现自己喜欢的东西，从而拥有丰富而美好的真实生活。

（佚名）

放松的艺术

在生活中，我们每个人都承受着巨大的压力，常常在工作了一天后觉得疲惫不堪。这时我们迫切需要的就是放松自己，好好地休息一下。

当我们紧张时，身体上和情绪上通常有耗尽的感觉：嘴巴会觉得干，身体会觉得衰弱，神经也是绷紧的。只有当我们放松和表达情绪之后，才能得到一个比较平顺的状态。有时候我们甚至会被眼泪淹没，或溶于欲望当中。当我们处于休息和平静的状态时，我们的行为和感觉就不会杂乱无章地发生，而是呈现一种和谐的流动。无止息的水舞（生命的普遍象征）可以被视为是健康快乐的状态。

古代瑜伽文献建议人们可以在靠近瀑布、河流和湖边做静心冥想。荣格有许多对湖的描述："那湖向远方一直延伸出去，那广博的水面给我一种令人难以置信的愉悦，一种令人无法抗拒的光彩。这一刻，我在心中有了一个想法，我一定要住在湖边。我想如果没有水，没有人可以活下去。"我们从洗澡、游泳、海洋景观所得到的快乐证明了我们和水之间深厚的关系——或许这呼唤起我们在母亲子宫羊水的状态，或者也和潜意识自己有如海洋般深不可测的意象有关吧。

这样的想法指出水在放松中的特殊价值，经由感官，或以下提供的练习可以更直接地体验到。我们也应该考虑其他的因素，像空气虽有较多限制，但是也可以被想像成和飞行及云联系在一起；风或微风可以被用来作为感官练习的基础。

在一个安静的房间里舒适地躺下来，举起你的手臂，甩甩手，然后让手臂自然地在身体两侧垂下来，闭上眼睛，想像你正躺在海边一个空旷的沙滩上。

潮水正涌过来,小小浪花轻拍你的脚和脚踝,慢慢地移动你的身体,让它浸在浅水里。当海水继续上升时,让自己感觉漂浮起来,并被有节奏的海潮带入海里。

感觉缓缓起伏的海浪在你下面汹涌,你随着海潮的起伏而滑动。

让你的身体正面朝上,想像你正在一个浪头上,当浪潮下降,你在明亮的海水隧道中翻滚着。

现在你被浪冲回岸边,躺在舒服温暖的沙滩上。不要动,此刻享受一下在自由和兴奋交替之后的宁静。

（佚名）

大卫的机遇

大卫永远也不会知道在他睡眠时,发生的一切幸运和险象。

可是,仔细想想,世上谁人不如此呢?

大卫·斯旺沿着大道,朝波士顿走去。他的叔父在波士顿,是个商人,要给他在自己店里找个工作。夏日里起早摸黑地赶路,实在太疲乏,大卫打算一见荫凉的地方就坐下来歇歇。不多会儿,他来到一口覆盖着浓荫的泉眼旁边。这儿幽静、凉快。他蹲下身子,饮了几口泉水。然后,把衣服裤子折起当枕头,躺在松软的草地上,很快就酣然入睡了。

就在他呼呼大睡的当儿,大道上来了一辆由两匹骏马拉着的华丽马车,蓦地,由于马蹩痛了脚,车子"嘎"地停地泉眼边。车里走出一位年长绅士和他的妻子。他们一眼就瞧见大卫睡在那儿。

"他睡得多沉,呼吸那么顺畅,要是我也能那样睡会儿,该多幸福!"绅士说。

他的妻子也叹道:"像咱们这样的老人,再也睡不上那样的好觉了!

看那孩子多像咱们心爱的儿子呀，能叫醒他吗？"

"哦，咱们还不知道他的品行呢。"

"看他脸孔，多天真无邪哟！"

大卫不知道，幸运之神正近在咫尺呢！年长绅士家里很富有。他唯一的儿子新近不幸死了。在这样的情况下，人们往往会做出奇怪的事来。比如说，认一个陌生小伙子为儿子，并让他继承自己的家产。可是，大卫却始终没醒来，睡得正甜。"咱们叫醒他吧！"绅士妻子又说了一句。正在这时，马车夫嚷起来："快走吧！马好了。"老夫妻俩依恋地对视一下，便快步走向马车。

过了不到五分钟，一个美丽的姑娘踏着欢快的步子，朝泉眼走来了。她停下来喝水，也瞧见了大卫。就像未经允许进入别人卧室，姑娘慌忙想离开。突然，她看见一只大马蜂正嗡嗡地在大卫头上飞来飞去，就不由得掏出手帕挥舞着，把马蜂赶走。

看着大卫，姑娘心头一颤，脱口而出："他长得多俊啊！"可是大卫却丝毫未动，她只好怏怏地走了。要是大卫能醒来，也许能和她认识，甚至结亲。要知道，她父亲可是个大百货商哩。

姑娘刚走开，两个帽檐拉到眉头的强盗悄悄地溜过来了。他们看见大卫躺在泉边香甜地睡着，一个歹念顿时闪上心头。

"也许这崽子身上有钱。"

"过去摸摸看，如他醒来，就用这个来对付他。"说着，一个强盗掏出了明晃晃的匕首。他们正准备下手时，一条狗匆匆跑到泉边饮水。他们吓得心惊肉跳。

"等一下，可能狗主人就在附近。"

"我们还是小心为妙，赶快离开吧！"两个强盗嘀咕了一阵，便溜走了。

一辆马车，惊醒了大卫。他跳上去，很快消失在烟尘中了。

大卫永远也不会知道在他睡眠时，发生的一切幸运和险象。可是，仔细想想，世上谁人不如此呢？

（佚名）

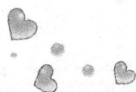

一枚金币的代价

这就是代价，我们 3 个人为了刚刚受到的教育都付出了同样的代价。"

一天，一个商人在大岛上沿着一条公路行走，看到一个小包掉在地上。他捡起小包，吃惊地发现里面有 3 枚金币，每枚值 1 两黄金。他兴高采烈，准备带着这份意外之财回家去。

这时，过来一个散步的人，说这个包是他的，是他掉在这里的，他当然要求商人把 3 枚金币还给他。

商人却不以为然，他声称："谁捡到就是谁的。"

两人都据理力争，吵个没完。他们俩是那样全神贯注，以致不知不觉地调换了他们在争吵中的位置。

金币原来的主人说道："其实，既然我已经丢了，那就丢了呗。"商人则回答："总而言之，我是偶然捡到的，这钱不属于我。"

这样，他们的意见仍然完全相反。一个决意要还钱，一个再也不想要。他们又吵了起来。

"还是请你拿去吧……"

"千万别这样，这钱现在是你的了。"

他们又像起初一样，没完没了地争吵起来，不过彼此互换了角色。

他们不知道如何解决才好，于是便一致决定请第三者裁决；对于他的裁决，他们都将不再表示异议。

于是，他们就去拜访当时最著名的法官大冈忠相。

法官仔细地听取了他们两人的申诉，然后作出了裁决："你们俩都愿意让给另一个人的这 3 枚金币由官方没收。既然你们都放弃了这笔钱的所有权，那你们是不会反对的。"

这位大法官拿起 3 枚金币，走进了他的办公室。

两个人都呆在那里发愣，思索着什么，像是有点后悔似的……这时候，法官回来了，手里拿着两个小包。他又对他们说：

"你们是那样固执，每个人都坚持自己有理，所以你们两人都失去了这笔钱。这样，你们就得到了一个很好的教训：顽固坚持自己的想法，而不试图理解对方，那就会受到损失。我也同样得到了一个重大的教训，那就是你们的谦虚和你们的慷慨所给予我的教训。因此，我要给你们每人送一份礼物。"

他递给每人一个小包，每个包里装着两枚金币。

大法官大冈忠相从这件事里得出结论说：

"你们俩现在拿到的这 4 枚金币，就是你们带给我的那 3 枚，再加上我为了感谢你们对我的教育从自己口袋里拿出来的 1 枚。在这以前，你们每个人都认为自己有 3 枚金币；后来又都失去了。从现在起，你们每个人都有了两枚金币，而且可以保存下去。你们每个人都失去了 1 枚金币，我给添了 1 枚，因此我也失去了 1 枚金币。这就使得我们大家都失去了同样的东西：1 枚金币。这就是代价，我们 3 个人为了刚刚受到的教育都付出了同样的代价。"

（佚名）

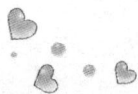

做人生的强者

> 真正顽强的生命总是不肯屈服于命运，而是用自己的努力来战胜它。

1940 年 6 月 23 日，在美国一个贫困的铁路工人家庭，一位黑人妇女生下了她一生中的第 20 个孩子，这是个女孩，取名威尔玛·鲁道夫。众多的孩子让这个贫困的家庭更加捉襟见肘，连怀孕的母亲也常常饿肚子，孕妇营养不良使得威尔玛早产，这就注定了威尔玛的先天性发育不良。

4 岁那年，威尔玛不幸同时患上了双侧肺炎和猩红热。在那个年代，肺炎和猩红热都是致命的疾病。母亲每天抱着小威尔玛到处求医，医生们都摇头说难治，她以为这个孩子保不住了。然而，这个瘦小的孩子居然挺了过来。威尔玛勉强捡回来一条命，她的左腿却因此残疾了，因为猩红热引发了小儿麻痹症。从此，幼小的威尔玛不得不靠拐杖来行走。看到邻居家的孩子追逐奔跑时，威尔玛的心中蒙上了一团阴影，她沮丧极了。

在她生命中那段灰暗的日子里，经历了太多苦难的母亲却不断地鼓励她，希望她相信自己并能超越自己。虽然有一大堆孩子，母亲还是把许多心血倾注在这个不幸的小女儿身上。母亲的鼓励给了威尔玛希望的阳光，威尔玛曾经对母亲说："我的心中有个梦，不知道能不能实现。"母亲问威尔玛的梦想是什么。威尔玛坚定地说："我想比邻居家的孩子跑得还快！"母亲虽然一直不断地鼓励她，可此时还是忍不住哭了，她知道孩子的这个梦想将永远难以实现，除非奇迹出现。

在威尔玛 5 岁那年，一天，母亲听说城里有位善良的医生免费为穷人家的孩子治病。母亲便把女儿抱进手推车，推着她走了 3 天，来到城里的那家医院。母亲满怀希望地恳求医生帮助自己的孩子。医生仔细地为威尔玛做了检查，然后进到里屋。医生出来的时候拿了一副拐杖。母亲对医生说："我们已经有拐杖了。我希望她能靠自己的腿走路，不是借助拐杖。"医生说："你的孩子患的是严重的小儿麻痹症，只有借助拐杖才能行走。"

坚强的母亲没有放弃希望，她从朋友那里打听到一种治疗小儿麻痹症的简易方法，那就是泡热水和按摩。母亲每天坚持为威尔玛按摩，并号召家里的人一有空就为威尔玛按摩。母亲还不断地打听治疗小儿麻痹症的偏方，买来各种各样的草药为威尔玛涂抹。

奇迹终于出现了！威尔玛9岁那年的一天，她扔掉拐杖站了起来。母亲一把抱住自己的孩子，泪如雨下。4年的辛苦和期盼终于有了回报！

11岁之前，威尔玛还是不能正常行走，她每天穿着一双特制的钉鞋练习走路。开始时，她在母亲和兄弟姐妹的帮助下一小步一小步地行走，渐渐地能穿着钉鞋独自行走了。11岁那年的夏天，威尔玛看见几个哥哥在院子里打篮球，她一时看得入了迷，看得自己心里也痒痒的，就脱下笨重的钉鞋，赤脚去和哥哥们玩篮球。一个哥哥大叫起来："威尔玛会走路了！"那天威尔玛可开心了，赤脚在院子里走个不停，仿佛要把几年里没有走过的路全补回来似的。全家人都集中在院子里看威尔玛赤脚走路，他们觉得威尔玛走路比世界上其他任何节目都好看。

13岁那年，威尔玛决定参加中学举办的短跑比赛。学校的老师和同学都知道她曾经得过小儿麻痹症，直到此时腿脚还不是很利索，便都好心地劝她放弃比赛。威尔玛决意要参加比赛，老师只好通知她母亲，希望母亲能好好劝劝她。然而，母亲却说："她的腿已经好了。让她参加吧，我相信她能超越自己。"事实证明母亲的话是正确的。

比赛那天，母亲也到学校为威尔玛加油。威尔玛靠着惊人的毅力一举夺得100米和200米短跑的冠军，震惊了校园，老师和同学们也对她刮目相看。从此，威尔玛爱上了短跑运动，想办法参加一切短跑比赛，并总能获得不错的名次。同学们不知道威尔玛曾经不太灵便的腿为什么一下子变得那么神奇，只有母亲知道女儿成功背后的艰辛。坚强而倔强的女儿为了实现比邻居家的孩子跑得还快的梦想，每天早上坚持练习短跑，直练到小腿发胀、酸痛也不放弃。在 1956 年奥运会上，16 岁的威尔玛参加了 4×100 米的短跑接力赛，并和队友一起获得了铜牌。1960 年，威尔玛在美国田径锦标赛上以 22 秒 9 的成绩创造了 200 米的世界纪录。在当年举行的罗马奥运会上，威尔玛迎来了她体育生涯中辉煌的巅峰。她参加了 100 米、200 米和 4×100 米接力比赛，每场必胜，接连获得了 3 块奥运金牌。

（佚名）

心灵瑜伽

生命的本身是宁静的，只有内心不为外物所惑，不为环境所扰，才能做到像陶渊明那样身在闹市而无车马的喧闹。

把思维集中在两眼的中间位置，想像你窥见灵魂中心，中心被白色的光所包围，倾听灵魂深处发出的声音。当你坐在那儿时，你可以想像很多事情。此时，你的心也许是朵缓慢开放的鲜花。你还可以在想像中到达你所期望到达的一个安静的所在，那是一片远离了人群的白色海滩，或者是一座山中的小木屋。

你还可以用念祷文的方式来集中精力。任何你认为重要的词语都可以当做祷文，像"爱"、"平静"，以至于像人人都叫出的一声"呼"、"吸"。如果你心里不断重复同一句祷文，你也就可以借此使思维活动集中起来，或者将杂乱无章的思绪从头脑中清除出去。反复在心里默念，不仅可以帮助你减轻心灵的重负，而且还有助于你达到更高层次的自我意识，并修得一种心灵和智慧的通透，达到一种物我两忘的境界。这就是瑜伽内心修炼的要旨。其实，瑜伽不只是一种修炼的方式，更是一种人生的态度，一种豁达的胸襟和如水随形般的达观境界。

我们能够通过静思逐渐认识自己。大多数人现在都知道，不用到西藏去，坐在山顶上静思，在自己公寓里和家里就能做这件事。我们与家人住在一起时可以静思，工作时也同样可以静思。如果我们经常进行反思，也就能逐渐清醒地认识到我们所做事情的价值。这种自我意识应比其他任何东西都更能使我们摆脱令人厌倦的工作。没有这种发自内心的自我意识，多数人会在生活中随波逐流，不明白自己做事的目的。

你无须定时定点，每天只用几分钟静坐沉思便可以了。

就像平时静思那样坐好，集中精力在每一呼吸动作上，然后去想像爱、容忍、仁慈逐渐将你包围，占据你的整个心灵，使你感到爱的温暖，犹如置身于爱的怀抱中。在这种感觉和温暖中呼吸，让它延伸到全身，使全身都感觉到温暖。你可以按自己的愿望，长时间地享受这种情感，而不停地做深呼吸。每一次呼吸都给你带来心灵更多的爱。做完之后，你会感到心情更加平静，更安详，更充满爱心。

这种寂静太美妙了，它把你与外部世界联系在一起，这一点在你不断遭受到外界噪音刺激时是无法做到的。在下一次有机会时，你不妨试一试。晚上回到家后，不要忙着开电视，如果你是一人独处，那种没有人"做伴儿"的感觉也许很可怕，但如果你这样过几天，经过一个过渡性的阶段，你就有可能使自己适应了。听听外面来自大自然的声音。早晨也不要打开电视机，享受一下安宁和温馨，听一听自己心灵的感受。

你还可以就在家里为自己辟出一个清静的地方，安排一个夜晚，独自一人静静地待在家里；有可能的话，再去为自己安排一个一人独享的安静的周末。当然，假如你是独自生活，安排起来会容易得多，不过如果你的家人同你合作，你也能办到。全家人在一起也可以在家里享有一个寂静的地方，没必要花许多钱躲到外面去找清静。

这时，你会发现，当你每天使喧闹声消失后，你就会更充分自由地享受悦耳的声音。在某个晚上放一段美妙的乐曲，在没有不和谐的噪音中，可以尽情地欣赏它。你还可以花点时间和你喜欢的人交谈，用心去听他说的每一句话，而不去听电视节目里对你来说毫无意义的饶舌。如果你有孩子，可以听听他们的戏谑玩耍和他们对世界的认识。

（佚名）

第六枚戒指

人性是善的，命运掌握在自己的手中。

我17岁那年，好不容易找到一份临时工作。母亲喜忧参半：家有了指望，但又为我的毛手毛脚操心。

工作对我们孤女寡母太重要了。我中学毕业后，正赶上大萧条，一个差事会有几十、上百的失业者争夺。多亏母亲为我的面试赶做了一身整洁的海军蓝，才得以被一家珠宝行录用。

在商店的一楼，我干得挺欢。第一周，受到领班的称赞。第二周，我被破例调往楼上。

楼上珠宝部是商场的心脏，专营珍宝和高级饰物。整层楼排列着气派很大的展品橱窗，还有两个专供客人看购珠宝的小屋。

我的职责是管理商品，在经理室外帮忙和传接电话。要干得热情、敏捷，还要防盗。

圣诞节临近，工作日趋紧张、兴奋，我也忧虑起来。忙季过后我就得走，回复往昔可怕的奔波日子。然而幸运之神却来临了。一天下午，我听到经理对总管说："艾艾那个小管理员很不错，我挺喜欢她那个快活劲儿。"

我竖起耳朵听到总管回答："是，这姑娘挺不错，我正有留下她的意思。"

这让我回家时蹦跳了一路。

翌日，我冒雨赶到店里。距圣诞节只剩下一周时间，全店人员都绷紧了神经。

我整理戒指时，瞥见那边柜台前站着一个男人，高个头，白皮肤，约摸 30 岁。但他脸上的表情吓我一跳，他几乎就是这不幸年代的贫民缩影。一脸的悲伤、愤怒、惶惑，有如陷入了他人置下的陷阱。剪裁得体的法兰绒服装已是褴褛不堪，诉说着主人的遭遇。他用一种永不可企的绝望眼神，盯着那些宝石。

我感到因为同情而涌起的悲伤。但我还牵挂着其他事，很快就把他忘了。

小屋打来要货电话，我进橱窗最里边取珠宝。当我急急地挪出来时，衣袖碰落了一个碟子，6 枚精美绝伦的钻石戒指滚落到地上。

总管先生激动不安地匆匆赶来，但没有发火。他知道我这一天是在怎样干的，只是说："快捡起来，放回碟子。"

我弯着腰，几欲泪下地说："先生，小屋还有顾客等着呢。"

"我去那边，孩子。你快捡起这些戒指！"

我用近乎狂乱的速度捡回 5 枚戒指，但怎么也找不到第 6 枚。我寻思它是滚落到橱窗的夹缝里，就跑过去细细搜寻。没有！我突然瞥见那个高个男子正向出口走去。顿时，我领悟到戒指在哪儿了。碟子打翻的一瞬，他正在场！

当他的手就要触及门柄时，我叫道：

"对不起，先生。"

他转过身来。漫长的一分钟里，我们无言对视。我祈祷着，不管怎样，让我挽回我在商店里的未来吧。跌落戒指是很糟，但终会被忘却；要是丢掉一枚，那简直不敢想像！而此刻，我若表现得急躁——即便我判断正确——也终会使我所有美好的希望化为泡影。

"什么事？"他问。他的脸肌在抽搐。

我确信我的命运掌握在他的手里。我能感觉得出他进店不是想偷什么。他也许想得到片刻温暖和感受一下美好的时辰。我深知什么是苦寻工作而又一无所获。我还能想像得出这个可怜人是以怎样的心情看这社会：一些人在购买奢侈品，而他一家老小却无以果腹。

"什么事？"他再次问道。猛地，我知道该怎样作答了。母亲说过，大多数人都是心地善良的。我不认为这个男人会伤害我。我望望窗外，此时大雾弥漫。

"这是我头回工作。现在找个事儿做很难，是不是？"我说。

他长久地审视着我，渐渐，一丝十分柔和的微笑浮现在他脸上。"是的，的确如此。"他回答，"但我能肯定，你在这里会干得不错。我可以为你祝福吗？"

他伸出手与我相握。我低声地说："也祝您好运。"他推开店门，消失在浓雾里。

我慢慢转过身，将手中的第6枚戒指放回了原处。

（佚名）

适时地认识自己

> 一个人不管自己有多丰富的知识，取得多大的成绩，甚或有了何等显赫的地位，都要谦虚谨慎，不能自视过高。

一个圆滚滚的鸟蛋，不知为什么，忽然从灌木丛上的鸟窝里骨碌碌地滚了出来，跌在灌木丛下厚厚的落叶上。奇怪的是它居然没有跌破，一切完好如初。

鸟蛋得意了，对着鸟窝大声笑着说："哈哈，我是一只跌不破的鸟蛋！你们谁有我这样的本事，就跳下来比试比试看！"

窝里的鸟蛋们听了，一个个探出头来看了一眼，吓得忙缩进头说："我们害怕，不敢跳呀。我们谁也没有对你刚才的行为不服气，还要比试什么呢？"

"哼！我早就料到你们没有这个胆量！"地上的鸟蛋神气地向窝里的鸟蛋们大声嘲笑起来。

这只鸟蛋在地上滚来滚去，一会儿滚到一棵小草边，向小草碰了碰，小草连忙仰起身子往后让；一会儿鸟蛋又滚到一株树苗边，向树苗撞一撞，树苗也仰着身子，给它让路。

鸟蛋更得意了。它认为自己力大无比、天下无敌，更加勇气十足地在山坡上滚过来，滚过去。

窝里的鸟蛋们劝告说："小哥，刚才你只是碰到一个偶然的机会，才没有跌破的，不要就此认为自己是个铁蛋蛋了。你仍然是一只容易破碎的鸟蛋呀！这点自知之明，你总该有吧？"

"铁蛋蛋有什么了不起？"鸟蛋仍然挺着肚皮，神气地说，"你们刚才没看到小草和树苗吗？它们对我都要让几分，不敢跟我碰撞，难道这山坡上还有什么我不能去碰撞的吗？哈哈！"

鸟蛋一阵大笑，蹦跳翻滚，想到山坡下的路边去显显威风，谁知被山坡上一块小石头挡住了去路。

鸟蛋气愤地望了小石头一眼，厉声喝道："你是什么东西？居然敢挡我鸟蛋蛋的去路？想找死么？"

小石头昂着头说："嘿，今天的太阳是从西边出来的么？一个鸟蛋对我也如此神气起来？告诉你吧，我是一块阻挡山坡上泥沙往下滑的小石头，这里是我的岗位，我站在这里是绝不会后退一步的，你看看怎么办吧？"

鸟蛋更气愤了，仰着头对小石头说："你知道我的脾气吗？我是一个勇气十足的鸟蛋，在这山坡上是颇有名气的。小草和树苗都已经领教过我的厉害，别人怕你小石头，我可不怕。到时候，你别说我不客气啊！"

小石头也生起气来，大声说："你想对我干什么？还想打架么？别不知天高地厚了，快滚回去吧！"

鸟蛋为了显示它的勇气，不听小石头的警告，鼓足劲，猛地一滚，向小石头冲去。只听"啪"的一声，鸟蛋碰得粉碎，流出一摊蛋汁。

邻居山雀大婶从这里飞过，看到这情景，伤心地说："唉，这孩子也太任性了，竟然硬要与石头过不去。要知道，没有自知之明的人，越是无所畏惧，那后果就越不妙啊！"

在一个人的成长、发展过程中，对自己充满自信是可取的；但过分的自信则成为自负，这是非常不利的。小鸟蛋在一次又一次"畅通无阻"之后，过分沉浸于自己取得的成就，沾沾自喜，不能自拔，于是盲目自大，更加猖狂。它从来都没有看清自己的处境和地位，以至于敢与强大自己百倍的石头碰撞，所以它的结局就只能是自取灭亡。

这种结局当然是咎由自取，希望它的下场能够给每一个人敲响警钟——适时地认清自己。

（佚名）

天使没腿也能飞

当我看见在她们衰弱的身体中美丽的灵魂时，我不断地掉下眼泪。

在我上次到波兰华沙的旅程中，当我说我们想去拜访人民时，导游吓坏了，他负责接待我们 30 个从加州圣地奥人性自觉机构来的市民外交家。

"别再带我们看美术馆和天主教堂！"我说，"我们要和人民见面！"

这个导游名叫罗勃特。他说："你们在开我玩笑？你们一定不是美国人，可能是加拿大人，美国人才不要和那些人碰面。我们看过《朝代》和其他的美国电视剧，美国人对人不感兴趣。告诉我实话吧！你们是加拿大人还是……英国人是吧？"

令人难过的是，他不是在开玩笑。他很正经，我们也是。在关于《朝代》和其他电视剧和电影的漫长讨论后，我们承认，是的，有很多美国人喜欢如此，但有更多美国人不是。我们再次要求罗勃特带我们和人们碰面。

罗勃特带我们到一个为年长女性设立的疗养院。最老的女人已经 100 岁了，她们说她是沙俄时代的公主。她以各种语言朗诵诗歌给我们听。虽然有时首尾不太连贯，但她的优雅、吸引力和美丽已展露无遗，且她不愿让我们离去。我们被护士、医生、服务人员及医院的行政人员陪伴着，在这间收有 85 个老妇的疗养院欢笑、握手。有些人叫我"爸爸"，要我拥抱她们，我照做了。当我看见在她们衰弱的身体中美丽的灵魂时，我不断地掉下眼泪。

我们拜访的最后一个病人最令我们震惊。她是医院里最年轻的女人。奥加只有 58 岁。过去八年，她一直一个人留在她的房间里拒绝起床。因为她深爱的丈夫去世了，她也不想活。这个女人曾是一名医生，八年前曾企图跳火车自杀，火车碾断了她的两条腿。

当我看着这个丧失许多东西、走过地狱之门的妇人时，我克制自己的悲伤和同情，跪下来亲吻和触摸她的双腿。好像有一股冥冥中的巨大力量叫我这么做。当我如此做时，对她说的是英文。不久我发现，她的确知道我在说什么。但这无关紧要，因为我几乎记不得我说了什么。总之是与她的痛苦和她的失落有关的感觉，我鼓励她使用她的经验，在未来更慈悲地帮助她的病人。在这个大转变的时刻，她的国家比以前更需要她。因为她的国家千疮百孔，所以她必须回到现实生活中来。

我告诉她，她使我想起一个受伤的天使，而在希腊话里，天使叫 Angelos，意为："爱的传递者，上帝的仆人"。我也提醒她，天使没腿也能飞。15 分钟之后，房间里的每个人都哽咽了。我抬头看到奥加叫人拿轮椅来，脸颊泛红，八年来她第一次决定离开她的床。

（佚名）

充满希望地生活

不管生活给了我们多少挫折与变故，只要我们依旧保留着不灭的信念，充满希望地生活，人生就总有意义，成就美的风景。

在一个偏僻的山村，住着一位独自生活的老奶奶。在她 26 岁的时候，丈夫外出做生意，却一去不返。是死在了乱枪之下，还是病死在外，还是像有人传说的那样被人在外面招了养老女婿，都不得而知。当时，她唯一的儿子只有 5 岁。

丈夫不见踪影几年以后，村里人都劝她改嫁。没有了男人，孩子又小，这寡得守到什么时候？然而，她没有走。她说，丈夫生死不明，也许在很远的地方做了大生意，没准哪一天就回来了。她被这个念头支撑着，带着儿子顽强地生活着。她甚至把家里整理得更加井井有条，她想，假如丈夫发了大财回来，不能让他觉得家里这么窝囊。

就这样过去了十几年。在她儿子 17 岁的那一年，一支部队从村里经过，她的儿子跟部队走了。儿子说，他到外面顺便去寻找父亲。

不料儿子走后又是音信全无。有人告诉她说儿子在一次战役中战死了，她不信，一个大活人怎么能说死就死呢？她甚至想，儿子不仅没有死，还做了军官，等打完仗，天下太平了，就会衣锦还乡。她还想，也许儿子已经娶了媳妇，给她生了孙子，回来的时候是一家子人了。

尽管儿子依然杳无音信，但这个想像给了她无穷的希望。她是一个小脚女人，不能下田种地，她就做绣花的小生意，勤奋地奔走四乡，赚一点钱供自己花销。她告诉人们，她要赚些钱把房子翻盖了，等丈夫和儿子回来住。

有一年她得了大病，医生已经判了她死刑，但她最后竟奇迹般地活了过来。她说，她不能死，她死了，儿子回来到哪里找家呢？

这位老人一直在这个村里健康地生活着,后来她活到了100百岁,她还是做着她的绣花生意。她天天算着,她的儿子生了孙子,孙子也该生孩子了。这样想着的时候,她那布满皱褶的沧桑的脸,立刻会变成绚烂多彩的花朵。

(佚名)

生活需要阳光心态

　　　　充满着欢乐与战斗精神的人们,永远带着欢乐,欢迎雷霆与阳光。

　　在对幸福生活的主动追求中,需要你选择乐观,只有乐观的人才能以阳光的心态迎接生活。

　　琳达是个不同寻常的女孩。她的心情总是非常好,因为她对事物的看法总是正面的。

　　当有人问她近况如何时,她就会回答:"我当然快乐无比。"她是个销售经理,也是个很独特的经理。因为她换过几家公司,而每次离职的时候都会有几个下属跟着她跳槽。她天生就是个鼓动者。如里哪个下属心情不好,琳达会告诉他怎么去看事物的正面。

　　这种生活态度的确让人称奇。

　　一天一个朋友追问琳达说:"一个人不可能总是看事情的光明面。这很难办到!你是怎么做到的?"琳达回答道:"每天早上我一醒来就对自己说,琳达你今天有两种选择,你可以选择心情愉快,也可以选择心情不好。我选择心情愉快。然后我命令自己要快快乐乐地活着,于是,我真的做到了。每次有坏事发生时,我可以选择成为一个受害者,也可以选择从中学些东西。我选择从中学习。我选择了,我做到了。每次有人跑到我面

前诉苦或抱怨，我可以选择接受他们的抱怨，也可以选择指出事情的正面。我选择后者。"

"是！对！可是并不能那么容易做到吧。"朋友立刻回应。

"就是那么容易。"琳达答道，"人生就是选择。每一种处境面临一个选择。你选择如何面对各种处境，你选择别人的态度如何影响你的情绪，你选择心情舒畅还是糟糕透顶。归根结底，你自己选择如何面对人生。"

她曾被确诊患上了中期乳腺癌，需要尽快做手术。手术前期，她依然过着正常而有规律的生活。

所不同的是，每天下午 3 点半的时候她要接受医院规定的检查。对于来检查的医生，她总是微笑接待，让他们感到轻松无比，尽管检查的时候，大多感觉十分不舒服。

直到手术麻醉之前，她仍然对主治医师说："医生，你答应过我，明天傍晚前用你拿手的汉堡换我的插花！别忘了！上次的自制汉堡，味道真好，让人难以忘怀！"直叫医生哭笑不得。手术果然进行得很顺利。两个月后的一天，朋友来探望她，她竟然马上忘记疼痛，要送朋友一件自己刚刚被医院允许做好的插花。等到她出院时，竟然与医科室一半的人都交上了朋友，包括那些病友。因为人们都被她的轻松和坚强所感染和征服。

充满着欢乐与战斗精神的人们，永远带着欢乐，欢迎雷霆与阳光。如果一个人，对生活抱一种达观的态度，就不会稍有不如意，就自怨自艾。大部分终日苦恼的人，实际上并不是遭受了多大的不幸，而是自己的内心素质存在着某种缺陷，对生活的认识存在偏差。事实上，生活中有很多坚强的人，即使遭受不幸，精神上也会岿然不动。

（佚名）

花钱买欢乐

一个真正有价值的梦想本身就具有了使其得以实现的力量。

我们刚结婚的时候，为了买新房，日子过得省吃俭用，吃快餐，开旧车，搬进新居前，挤在斗室里将就着。但迁居那一天的快乐情景，却使我们终身难忘。

安妮和弗兰克有五个孩子，经济拮据，但每逢假日却一定去滑雪，为此要购置七双滑雪板、七双长靴、七副撑杆及每人的滑雪衫，还要付来回的车费等其他开销。我们都认为弗兰克一家简直是疯了。最近我又碰到他，他的孩子们都已各自成了家，"当然，我们那时过着清寒的日子。"他说，"最近，一个儿子在来信中说，他怎么也忘不了小时候滑雪时的快乐。"

一笔有限的收入有两种安排法：一种是精打细算地将衣食住行小心翼翼地考虑进去，虽然事事顾全了，但最终觉得毫无收获。另一种是把钱花在自己喜好的事情上，如果难以做到兼顾的话，还不如先满足重要的方面，而在其他方面克扣一下。有些人对于把钱花在那些有益的并能为家庭和自己的生活增加乐趣的事情上，总是犹犹豫豫，只想着攒钱备荒，放走了时光。其实他们这是只知攥紧手中的财富，却忘了去逮野地里的孔雀。

我知道有这么一对恋人，打20岁起就开始为了下辈子的生活操心。当他们的同龄人在建立小家庭、安享天伦之乐时，他俩却一个念头地买房置地，积累钱财。等他们感到可以安心成家时，女的已39岁，这些年来一直在求医问药，也没能怀上一个孩子。当然，这是一个极端的例子，但说明了一个道理，当你确信某事物能使你的生活更为充实时，不论它是一次旅行，还是一个孩子，或是别的什么，你都应该尽力去得到它。

要知道，有的东西失去了便再也难以得到。

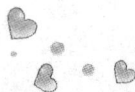

小时候的一件事令我终身难忘。那时我父亲失业了，全家靠吃鱼市上卖剩的鱼杂碎过活。一天我在一家商店的橱窗里看到了一只带红色塑料花的小别针，顿时我便发疯般的迷上了它。

我赶忙跑回家去央求妈妈给一毛钱。母亲叹了口气（一毛钱能买一磅鱼杂碎呢），但父亲说：

"给她钱吧，要知道用这么便宜的价钱就能为孩子买到的快乐，今后是不会再碰上的。"那时我就明白，这一毛钱所能买到的是永远闪光的金子。

当我想到我那些心满意足的朋友们时，我总为他们花钱的态度感到吃惊。他们买不起车，但可以到夏威夷去度假，住陋室，却打扮得像个时装模特儿。更有一位老兄带着四个孩子在宫殿般的豪华饭店里吃了一次茶点，就为此，全家人过了两天只吃面包、奶酪的日子。"他们以后能记得的，唯有这一顿茶点。"那位老兄这样对我解释。

钱在生活中并不是决定一切的。一个真正有价值的梦想本身就具有了使其得以实现的力量。

我有一个朋友，他的独生子在很小时就显示出音乐天赋，曲调一听便能记住，自己还能在钢琴上编歌。我的朋友为使孩子能得到最好的教育，夫妻俩竟然驱车60英里送他到邻近的一个城市去就学。为此他们付出的代价是：妻子每晚去一个图书馆加夜班；丈夫是个教师，课外在家里设馆开课以增添收入。今天他们的儿子已获得了两个音乐学院的奖学金，在几个美国最好的管弦乐队中演奏过。如果当初他父母给他请个花钱少的二、三流教师，他就不会有这样的成果了。

我想这说明了，从某种意义上看，金钱是第二位的。只要有眼光，看准了那些能使你幸福的东西，就应该不惜金钱去得到它。用你辛勤劳动挣来的一点钱，送孩子去野营或给自己买一件心爱的礼物，也许与你们的低收入不那么相称，但却提高了你生活的情趣和意义。

（佚名）

自我赏识中肯定自己

生命的行程如果没有顽石的阻挡，又怎能激起美丽的浪花朵朵？

也许你想成为太阳，可你却只是一颗星辰；也许你想成为大树，可你却只是一株小草；也许你想成为大河，可你却只是一泓山溪……于是，你很自卑。很自卑的你总以为命运在捉弄自己。其实，你不必这样：欣赏别人的时候，一切都好；审视自己的时候，却总是很糟。和别人一样，你也是一道风景，也有阳光，也有空气，也有寒来暑往，甚至有别人未曾见过的一株春草，甚至有别人未曾听过的一阵虫鸣……做不了太阳，就做星辰，让自己的星座，发热发光；做不了大树，就做小草，以自己的绿色装点希望；做不了伟人，就做实在的小人物，平凡并不可卑，关键是必须扮演好自己的角色。

有个小男孩头戴球帽，手拿球棒与棒球，全副武装地走到自家后院。

"我是世上最伟大的击球手。"他自信地说完后，便将球往空中一扔，然后用力挥棒，却没打中。他毫不气馁，继续将球拾起，又往空中一扔，然后大喊一声："我是最厉害的击球手。"他再次挥棒，可惜仍是落空。他愣了半晌，然后仔仔细细地将球棒与棒球检查了一番之后，他又试了一次，这次他仍告诉自己："我是最杰出的击球手。"然而他第三次的尝试还是挥棒落空。

"哇！"他突然跳了起来，"我真是一流的投手。"

男孩勇于尝试，能不断给自己打气、加油，充满信心，虽然仍是失败，但是，他并没有自暴自弃，没有任何抱怨，反而能从另一种角度"欣赏自己"。

生活中大多数人都习惯自怜自艾、自我批判，他们最常说的是"我身材难看"，"我能力太差"，"我总是做错事"……他们总是学不会像那个小男孩一样，换个角度欣赏自己，这都是由于自卑心理在作祟。自卑心理所造成的最大问题是：你总是在斤斤计较你的平凡，你总是在想方设法证明你的失败，每一天你都在为自己的想法找证据，结果你越来越觉得自己平凡、渺小，处处不如人。一个值得思考的问题是：为什么你明明知道这样做会使人生更灰暗、负面的感觉更多，更不知道珍惜人生的天赋美好，却还是执迷不悟。我们都是芸芸众生中的一员，都是平凡的小人物，但我们也有比别人美好的地方，所以千万不要自贬身价。

如果一个人对自己都不欣赏，连自己都看不起，那么，这个人怎么还会自强、自信、自爱、自省呢？你也许曾埋怨过自己不是名门出身，你也许曾苦恼过自己命运中的波折，你也许曾慨叹过自己行程中的坎坷。可是，你有没有正视过自己？对于一个生活的强者而言，出身只是一种符号，它和成功没有丝毫瓜葛，你又何必为此而斤斤计较？人生变动不居，又岂能无忧无虑、平静无波？生命的行程如果没有顽石的阻挡，又怎能激起美丽的浪花朵朵。

（佚名）

体验生活中美好的东西

当体验到生活中美好的东西时，自然就能找回一切快乐的心情。

晓飞在她30岁以后终于意识到，其实她的生活并不快乐。她将责任全部归咎于她的丈夫、她的前任老板以及她的亲属。但是有一天，一位认识她已10年的朋友对她说："晓飞，你将你的不快乐归咎于你周围所有的人，为什么你就不能从自己身上找找原因呢？坦率地说，我总觉得和你在一起有种压抑的感觉。"

这句话对晓飞触动很大，那以后，她开始认真思考她的生活方式，她开始努力尝试使自己快乐起来。她学着观察并感受每天发生在她周围的一切，她努力将自己的思维投向那些积极和快乐的事情上，并学会将烦恼放在一边，她发现她的生活正发生着日新月异的变化。

在以后的日子里，每当晓飞与其他的人谈论她的生活经历时，她总是这样说："在过去的许多年，我从未发现自己只是关注那些令人沮丧和消沉的事情，那时的我简直让人没法忍受。所幸的是，我的一位很好的朋友提醒了我，是他让我学会将那些糟糕的东西扔进垃圾筒，让我体验到生活中原来有那么多美好的东西。"

（佚名）

或许那也没什么大不了的

> 人要不断地征服困难，才使得生命充满乐趣，而永不服输的信念是一种自我的肯定。

如果一个人在 46 岁的时候，因意外事故被烧得不成人形，4 年后又在一次坠机事故中腰部以下全部瘫痪，他会怎么办？再后来，你能想像他变成百万富翁、受人爱戴的公共演说家、洋洋得意的新郎官及成功的企业家吗？你能想像他去泛舟、玩跳伞，还在政坛角逐一席之地吗？

米契尔做到了这些，甚至有过之而无不及。在经历了两次可怕的意外事故后，他的脸因植皮而变成一块"彩色板"，手指没有了，双腿那样细小，无法行动，只能瘫痪在轮椅上。

意外事故把他身上 65% 以上的皮肤都烧坏了，为此他动了 16 次手术。

手术后，他无法拿起叉子，无法拨电话，也无法一个人上厕所。但以前曾是海军陆战队员的米契尔从不认为他被打败了，他说："我完全可以掌握我自己的人生之船，我可以选择把目前的状况看成倒退或是一个新起点。"6个月之后，他又能开飞机了！

米契尔为自己在科罗拉多州买了一幢维多利亚式的房子，另外也买了房地产、一架飞机及一家酒吧。后来他和两个朋友合资开了一家公司，专门生产以木材为燃料的炉子，这家公司后来变成佛蒙特州第二大私人公司。意外发生后4年，米契尔所开的飞机在起飞时又摔回跑道，把他的12块脊椎骨压得粉碎，腰部以下永久性瘫痪！"我不解的是为何这些事老是发生在我身上，我到底是造了什么孽，要遭到这样的报应？"

但米契尔仍不屈不挠，日夜努力使自己能达到最大限度的独立自主。他被选为科罗拉多州孤峰顶镇的镇长，负责保护小镇的环境，使之不因矿产的开采而遭受破坏。米契尔后来也竞选国会议员，他用一句"不只是另一张小白脸"的口号，将自己难看的脸转化成一项有利的资产。

尽管面貌骇人、行动不便，米契尔却坠入爱河，并完成终身大事，同时拿到了公共行政硕士学位，并持续他的飞行活动、环保运动及公共演说。

米契尔说："我瘫痪之前可以做1万件事，现在我只能做9000件，我可以把注意力放在我无法再做好的1000件事上，或是把目光放在我还能做的9000件事上。告诉大家，我的人生曾遭受过两次重大的挫折，如果我能选择不把挫折拿来当成放弃努力的借口，那么，或许你们可以用一个新的角度来看待一些一直使你们裹足不前的经历。你可以退一步，想开一点，然后你就有机会说：'或许那也没什么大不了的！'"

（佚名）

"不可能"的成功

以"必须完成"或者"一定能做到"的心态去拼搏奋斗，你一定会做出令人仰慕的成绩的。

科尔刚到报社当广告业务员时，经理对他说，你要在一个月内完成 20 个版面的销售。

20 个版面，一个月内科尔认为不可能完成。因为他了解到报社最好的业务员一个月最多才销售 15 个版面。

但是，他不相信有什么是"不可能"的。他列出一份名单，准备去拜访别人以前招揽不成功的客户。去拜访这些客户前，科尔把自己关在屋里，把名单上的客户念了 10 遍，然后对自己说："在本月结束之前，你们将向我购买广告版面。"

第一个星期，他一无所获；第二个星期，他和这些"不可能的"客户中的 5 个达成了交易；第三个星期他又成交了 10 笔交易；月底，他成功地完成了 20 个版面的销售。

在月度的业务总结会上，经理让科尔与大家分享经验。科尔只说了一句："不要恐惧被拒绝，尤其是不要恐惧被第一次、第十次、第一百次甚至上千次的拒绝。只有这样，才能将不可能变成可能。"

报社同事给予他最热烈的掌声。

在生活中，我们时常碰到这样的情况：当你准备尽力做成某项看起来很困难的事情时，就会有人走过来告诉你，你不可能完成。其实，"不可能完成"只是别人下的结论，能否完成还要看你自己是否去尝试，是否去尽力。是否去尝试，需要你克服恐惧失败的心理；是否尽力，需要你克服一切障碍，获得力量。以"必须完成"或者"一定能做到"的心态去拼搏奋斗，你一定会做出令人仰慕的成绩的。

（佚名）

永不放弃

"永远，永远，永远，不要放弃！"

在前进的道路上，如果我们因为一时的困难就将梦想搁浅，那只能收获失败的种子，我们将永远不能品尝到成功这杯芬芳美酒的味道。

"肯德基"创始人，美军退役上校桑德斯的创业史是对永不放弃的最佳诠释。桑德斯从军队退役时，妻子带着幼小的女儿离他而去。家里只有他一个人，这使得他时常觉得时间的漫长与人生的寂寞。他总想做点事情。但戎马生涯大半生，除了操枪弄炮，实在没有什么别的特长可供开发。

年过花甲的他想到了自己曾经试验出的炸鸡秘方，想到马上做到，于是他便找了几家餐馆要求合作，但都遭到了拒绝。于是，他开着自己那辆破旧的"老爷车"，从美国的东海岸到西海岸，历时两年多时间，推开过1008家餐馆的大门，都没有成功。年老的桑德斯为此感到非常沮丧，也曾想到过放弃，但很快他就会说服自己再试一次，于是幸运之神开始注意到这个坚韧的老人。当他试着推开第1009家餐馆的大门，这家老板被他的精神打动，买下了炸鸡的秘方。桑德斯以秘方作为投资，得到了这家餐馆的股份。由于经营得法，从此，"肯德基"炸鸡遍布美国，遍布世界。

成功的路上总是荆棘与鲜花交相辉映，我们在为理想奋斗的时候难免会遇到一点阻碍、挫折，但我们不能因此就放弃奋斗。如果是在这样的困境中，我们或许可以学一下丘吉尔的人生秘诀。

丘吉尔下台之后，有一回应邀在牛津大学的毕业典礼上演讲。那天他坐在主席台上，打扮一如平常，还是一顶高帽，手持雪茄。

经过主持人隆重冗长的介绍之后，丘吉尔走上讲台，注视观众，沉默片刻。然后他用那种特别的丘吉尔式的风度凝视着观众，足足有 30 秒之久。终于他开口说话了，他说的第一句话是："永不放弃。"然后又凝视观众足足 30 秒。他说的第二句话是："永远，永远，不要放弃！"接着又是长长的沉默。然后他说的第三句话是："永远，永远，永远，不要放弃！"他又注视观众片刻，然后迅速离开讲台。当台下数千名观众明白过来的时候，立即响起了雷鸣般的掌声。

（佚名）

灿烂地笑对生活

往往一个热情的问候、温馨的微笑，就足以在人的心灵中洒下一片阳光。

笑，就是阳光，它能消除人们脸上的冬色。

20 世纪 30 年代，有一位犹太传教士每天早晨总是按时到一条乡间土路上散步。无论见到任何人，他总是微笑着热情地打一声招呼："早安。"

其中，有一个叫米勒的年轻农民，对传教士这声问候起初反应冷漠。在当时，当地的居民对传教士和犹太人的态度是很不友好的。然而，年轻人的冷漠未曾改变传教士的热情，每天早上，他仍然向这个一脸冷漠的年轻人道一声早安。终于有一天，这个年轻人脱下帽子，也向传教士道一声："早安。"

好几年过去了，纳粹党上台执政。

这一天，传教士与村中所有的人被纳粹党集中起来，送往集中营。在下火车、列队前行的时候，有一个手拿指挥棒的指挥官，在前面挥动着棒子，叫道："左，右。"被指向左边的是死路一条，被指向右边的则还有生还的机会。

传教士的名字被这位指挥官点到了，他浑身颤抖，走上前去。当他无望地抬起头来，眼睛一下子和指挥官的眼睛相遇了。

传教士习惯性地脱口而出："早安，米勒先生。"米勒先生虽然没有过多的表情变化，但仍禁不住还了一句问候："早安。"声音低得只有他们两人才能听到。米勒先生看着传教士，犹豫了一秒钟，将指挥棒指向了右边，低声说："右。"

人是很容易被感动的，而感动一个人靠的未必都是慷慨的施舍、巨大的投入。往往一个热情的问候、温馨的微笑，就足以在人的心灵中洒下一片阳光。

不要低估了一句话、一个微笑的作用，它很可能使一个不相识的人走近你，甚至爱上你，成为开启你幸福之门的一把钥匙，成为你走上柳暗花明之境的一盏明灯。

（佚名）

忠于职守

"铁路公司给我的这节车厢是一节'禁止吸烟'的车厢！"

我的叔叔汤姆在铁路上工做了一辈子。那是一个不大的车站，它坐落在一个名叫洛顿·克劳斯的小地方，大约一天只有两列火车在这个小站进出。汤姆叔叔既是站长，又是列车员和信号员，事实上，车站里所有的事都归他管。要论恪尽职守，全英国挑不出第二个人来。洛顿·克劳斯是他心中的骄傲：那清洁候车室和坐椅的活儿、售票检票的差事（有时一天只有三四张票）不都是他一个人干的吗！当然，车票收入也由他经管。有一天，车票收入竟达到 13 镑。自打汤姆叔叔到这个小站后，50 年来这是收入金额最高的一天。小车站管理得井然有序，得力于汤姆叔叔对规章制度的一丝不苟。他对诸如旅客应被允许做什么、不应被允许做什么，哪里可以吸烟、哪里不能吸烟等规定是再清楚不过了。如果哪个旅客胆敢做出违反规章制度的事，那他在洛顿·克劳斯就会吃不了兜着走。

正如我所说的，汤姆叔叔在那个小车站一直干了 50 年。后来，他该退休了。毫无疑问，他的工作是出色的，50 年中连一天都没有懈怠过。对此，铁路公司认为应该予以肯定，于是便安排了一个小小的告别仪式，并委派约瑟夫爵士亲临小站主持仪式。

汤姆叔叔对那张作为礼物赠送的支票表示感谢，他十分高兴。但是，他对约瑟夫爵士说："我并不需要钱，（由于平日生活节俭，汤姆叔叔攒了不少钱）我的意思是说，我能不能得到一件可以使我常能回忆起小车站快乐时光的东西？"约瑟夫爵士虽然感到有些诧异，但还是表示这个要求可以得到满足。

那么，汤姆叔叔心目中的那个可以唤起他记忆的东西是什么呢？"能不能给我一节旧车厢？一节就够。多旧多破都没关系。我可以把它修理好，擦洗干净，——反正现在我已经退休了，有的是时间。我要把旧车厢放在我家后花园里，每天去里面坐一坐，那会使我想起在洛顿？

克劳斯度过的美好时光。"约瑟夫爵士心想，唉，可怜的老头儿，脑子一定是出了毛病。不过，旧车厢有的是，反正也只能回炉了。于是便对汤姆叔叔说："好吧，霍伯戴尔先生，如果这就是你想要的东西，那么你可以得到它。"大约一星期后，一节旧火车车厢被安放在汤姆叔叔家的后花园里。汤姆叔叔还像在车站上班一样，辛勤地工作，将那节旧车厢收拾得焕然一新。

一年后的某天，汤姆叔叔生病了。我的另一个叔叔阿尔伯特对我说："走，我们一起去看看老汤姆吧，我很长时间没见到他了。"

那天天气不好。我们刚下火车就下起了雨，到汤姆叔叔家时雨越下越大。阿尔伯特叔叔敲了敲前门，无人应声。门并未上锁，我们便推门而进，但是哪里都找不到汤姆叔叔的人影儿。阿尔伯特叔叔说："他一定在那节旧车厢里，我们到后花园去找他吧。"不出所料，汤姆叔叔果然在后

花园，但不在车厢里，而是坐在车厢外面的阶梯上，嘴里叼着一只烟斗。

他的头上顶着一件雨衣，雨水顺着他的后背往下流淌。

"你好，汤姆。"阿尔伯特叔叔说，"你干吗不坐在车厢里面呢?"

"你难道没看见吗?"汤姆叔叔说，"铁路公司给我的这节车厢是一节'禁止吸烟'的车厢!"

(佚名)

忧虑不能改变现实

世上没有任何事情是值得忧虑的，绝对没有!

与内疚悔恨一样，过分忧虑也是人性的一种最消极而毫无益处的缺陷之一，是一种极大的精力浪费。当你悔恨时，你会沉湎于过去，为自己的某种言行而沮丧或不快，在回忆往事中消磨掉自己现在的时光。当你产生忧虑时，你会利用宝贵的时光，无休止地考虑将来的事情。对我们每个人来讲，无论是沉湎过去，还是忧虑未来，其结果都是相同的：徒劳无益。

一个商人的妻子不停地劝慰着她那在床上翻来覆去折腾了的丈夫："睡吧，别再胡思乱想了。"

"嗨，老婆啊，"丈夫说，"你是没遇上我现在的罪啊!几个月前，我借了一笔钱，明天就到还钱的日子了。可你知道，咱家哪儿有钱啊!你也知道，借给我钱的那些邻居们比蝎子还毒，我要是还不上钱，他们能饶得了我吗?为了这个，我能睡得着吗?"他接着又在床上继续翻来覆去。

妻子试图劝他，让他宽心："睡吧，等到明天，总会有办法的，我们说不定能弄到钱还债的。"

"不行了，一点儿办法都没有啦!"丈夫喊叫着。

最后，妻子忍耐不住了，她爬上房顶，对着邻居家高声喊道："你们知道，我丈夫欠你们的债明天就要到期了。现在我告诉你们：我丈夫明天没有钱还债！"她跑回卧室，对丈夫说："这回睡不着觉的不是你，而是他们了。"

如果凌晨三四点的时候，你还忧虑在心头，似乎全世界的重担都压在你肩膀上：到哪里去找一间合适的房子？找一份好一点的工作？怎样可以使那个罗唆的主管对你有好印象？儿子的健康、女儿的行为、明天的伙食、孩子们的学费……可怜！你的脑子里有许多烦恼、问题和亟待要做的事在那里滚转翻腾！墙上糊的纸好不好？女儿的男友配得上她吗？粮食会不会又要涨价了？可怜！你脑子里的思绪东飘西荡，你仿佛永远无法再入睡了！

不，你会睡着的，只要你采取一个简单的步骤，对自己说一句简短的话，说上几遍，每一次要深呼吸，放松！你要对自己说，同时心里也要真的这样想："不要怕。"

深呼吸，一切由他去！睁开眼睛，再轻松地闭起来，告诉自己："不要怕。"要仔细想想这些有魔力的字句，而且要真正相信，不要让你的心仍彷徨在恐惧和烦恼之中。

有一点，我们不能将忧虑与计划安排混为一谈，虽然二者都是对未来的一种考虑。如果你是在制定未来的计划，这将更有助于你现实中的活动，使你对未来有自己的具体想法与行动指南。而忧虑只是因今后可能发生的事情而产生惰性。忧虑是一种流行的社会通病，几乎每个人都要花费大量的时间为未来担忧。忧虑既然如此消极而无益，既然你是在为毫无积极效果的行为浪费自己宝贵的时光，那么你就必须改变这一缺点。

请记住一点，世上没有任何事情是值得忧虑的，绝对没有！你可以让自己的一生在对未来的忧虑中度过，然而无论你多么忧虑，甚至抑郁而死，你也无法改变现实。

（佚名）

第四辑　为心灵留下一片空白

很多时候，我们的内心都为外物所遮蔽、掩饰，浮躁的心情占领了我们的整颗心，因此在人生中留下许多遗憾，现代人惯于为自己做各种周密而细致的盘算，权衡着可能有的各种收益与损失。但是，我们唯一忽视的，便是去听一听自己内心的声音。

布朗的几次解雇

　　每个人都有自己的个性和长处，每个人都可以选择自己的目标，并通过不懈的努力去争取属于自己的成功。

　　布朗是美国一位最成功的电影制片人，然而在其职业生涯中先后被3家公司革职。他曾经是好莱坞20世纪福克斯公司的第二号人物，建议摄制《埃及艳后》，不料该影片卖座奇惨。紧接着公司大裁员，他也被裁掉了。

　　在纽约，他在新阿美利坚文库任副总裁，但是几位股东又聘请了一位局外人，而他与此人意见不合，以至于被开除。

　　回到加州，他又进了20世纪福克斯公司，在高层任职6年，由于董事局不喜欢他所建议拍摄的几部影片，他又一次被革职。

　　布朗开始仔细检讨自己的工作方式。他在大机构做事一向敢言、肯冒险，喜欢凭直觉处事，这些都是老板的作风。他痛恨以委员会的方式统筹管理。

　　分析了失败的原因之后，布朗自立门户，摄制《大白鲨》、《裁决》、《天茧》等影片，获得了巨大的成功。布朗并不是一位失败的公司行政人员，他天生是一名企业家，只不过是一时没有发挥其巨大的潜力而已。

　　道不同不相为谋。"我之所以多年来没有固定的工作，原因很简单，那是因为我和那些能够提供给我工作的绅士们的想法完全不同。"凡?

　　高这样说，也许你就是这样的人。

　　一个人没有认清自己的真面目、不能看明自己的优势所在。就不能把命运掌握在自己手中，也就不可能取得成功。

　　我们首先要意识到，自己就是一个蕴含着无尽宝藏的世界，每个人都

有自己的个性和长处，每个人都可以选择自己的目标，并通过不懈的努力去争取属于自己的成功。

（佚名）

失败时善于变通

当我们失败时，如果能够静下心来，坦然面对，换一个角度去思考，那么在我们从另一个出口走出去时，就有可能看到另一番天地。

犹太人说，这世界上卖豆子的人应该是最快乐的，因为他们永远不必担心豆子卖不完。

犹太人为什么不怕豆子卖不完？

假如他们的豆子卖不完，可以拿回家去磨成豆浆，再拿出来卖给行人。如果豆浆卖不完，可以制成豆腐，豆腐卖不成，变硬了，就当作豆腐干来卖。而豆腐干卖不出去的话，就把这些豆腐干腌起来，变成腐乳。

还有一种选择是：卖豆人把卖不出去的豆子拿回家，加上水让豆子发芽，几天后就可改卖豆芽。豆芽如卖不动，就让它长大些，变成豆苗。如豆苗还是卖不动，再让它长大些，移植到花盆里，当作盆景来卖。如果盆景卖不出去，那么再把它移植到泥土中去，让它生长。几个月后，它结出了许多新豆子。一颗豆子现在变成了上百颗豆子，想想那是多划算的事！

一颗豆子在遭遇冷落的时候，可以有无数种精彩的选择，一个人更是如此。人生总免不了要遭遇这样或者那样的失败。确切地说，我们每天都在经受和体验各种失败。有时候，我们甚至会在毫不经意和不知不觉之间与失败不期而遇。面对失败，我们又往往会采取习惯的对待失败的措施和办法——或以紧急救火的方式扑救失败，或以被动补漏的办法延缓失败，或以收拾残局的方法打扫失败，或以引以为戒的思维总结失败……虽然这些都是失败之后十分需要，甚至必不可少的，但却是在眼睁睁看着失败发生而又无法抢救的情况下采取的无奈之举。任凭失败一路前行而无力改变，实在是更大的失败和遗憾。

（佚名）

征服心底那座山峰

毫不畏惧地征服自己心底那座山峰，你才算得上真正的征服者。

父亲带儿子去爬山，其实，和西部的山比起来，它只算丘陵，海拔仅仅几百米。但平原上生活的人习惯把有点儿高度的东西叫山，我也一贯这么叫。还在离山脚很远的地方，父亲便指着隐隐约约的山顶问："雾散之前，有信心爬上山顶吗？"儿子用手比了比高度，露出一脸不屑，回头答道："爸，你太小瞧我了吧，才这么一顶点儿高，还用等雾散尽，我看用不了十分钟，便立即把它踩到脚下。"父亲听完，笑而不答。

谈笑之间，车便到山脚。车一停下来，父亲便指着山说："上山有两条道可行，一条在东南方向，一条在西南方向。东南方向的道离山顶最近，但非常陡峭，西南方向的道离山顶虽远，但道路平缓。"父亲就问儿子："你选哪条道上山呢？"儿子想也不想，便指了指东南那条道。父亲点点头，说："这样吧，咱们父子俩来比试比试，我由西南这道上山，看谁能最先到达山顶。"儿子信心十足，头一仰，说："爸，你一定输。"

父子俩话别，各自寻找上山的路口。东南山口就离他们父子分手的地方不远，走100多米，儿子便找到了。他来到东南山口仰头一看，吓了一跳，

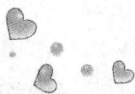

惊叫起来：妈呀，山怎么这么陡呢？雄心壮志瞬间就在他心底崩塌了。

"小伙子，要不要买手杖，它或许会对你上山有所帮助。"离他不远一家杂货铺的老板娘不停地向她招手。他第一次来爬这座山，心里没底，就趁机跑去询问："大嫂，从这儿上山是不是很危险啊！"老板娘不置可否，说："危不危险爬过才知道，不过，每位爬东南山口的人都会到我店里买根手杖。"男孩闻听，有点害怕，也掏钱买了一根。有了手杖，男孩心里稍稍安定些，开始沿着山道往山顶走。

山看上去很陡，但路却不是很难走，每走一步都有一个很宽的人造台阶，而且一路都有人一样高的防护栏。你只要低头走，并感觉不到山很陡峭。但男孩不一样，他走一段就回头看一看，看着看着，山便陡峭起来，越往上爬他越感到害怕。一害怕，他不得不小心翼翼，每走一步都必须挂着手杖扶着防护栏。

最终，男孩还是到达山顶，不过，他父亲早就迎候在那儿了。儿子并不服气，他要和父亲再比试比试。这次，他建议父亲由东南山口下，他自己由西南山口下，谁最早到达出发点才算谁赢。父亲不做声，只是不停点头。

刚下山的时候，男孩感到很轻松，全身有使不完的劲儿。可越走，他发现下山的路越长。最终，忍不住问同行的游客："从这儿到山脚大路口有多远路程。"对方告诉他，大约是东南山道的四到五倍长。男孩一听，脚都变软了。

这次，他又比父亲晚到很久，儿子仍不服气，狡辩起来："爸，这两次比赛，都因我没来过，选错了方向。上山时我应该走西南那条道，那儿不陡，走起来快；下山时应该走东南山口，那儿路程短，不费时间。"父亲听罢，长长叹了一口气，语重心长地说："你爷爷小时候带我爬山时我爬输了也这么说，结果跟他较了一辈子儿，可始终没爬过他。孩子，你要知道，世上的山峰何止千万座，你不可能爬过每一个登山者。山的高度和谁先爬到山顶这都不重要。重要的是在你心里必须有自己的一座山峰，有自己的一个高度，如果你能义无返顾毫不畏惧地征服你心底那座山峰，不管你费了多久，选择了哪条路上山，你都属于胜利者。"

儿子听罢，对父亲肃然起敬。是啊，一切的山峰和登山者，都不过是你人生之中一个参照物。

毫不畏惧地征服自己心底那座山峰，你才算得上真正的征服者。

（佚名）

品味孤独

　　其实孤独才是人生中的一种大境界，它是一首诗，一道风景，值得细心品味。

　　波澜万丈的生活激荡人心，令人心驰神往，但在人生的河流中，更多的则是平静，你总要学会一个人慢慢地享受人生，总会有那么一个时刻，你是孤独无助的。但不要害怕，因为这本身就是人生给你的最高馈赠，正如罗曼?

　　罗兰所说："世上只有一个真理，便是忠实人生，并且爱它。"那么，当孤独来临时，去体味它、享受它，在欣赏完夏花的绚烂之后，不妨沉下心来，品读秋叶的静美。

　　孤独是一种难得的感觉，在感到孤独时轻轻地合上门和窗，隔去外面喧闹的世界，默默地坐在书架前，用粗糙的手掌爱抚地拂去书本上的灰尘，翻着书页嗅觉立刻又触到了久违的纸墨清香。正像作家纪伯伦所说："孤独，是忧愁的伴侣，也是精神活动的密友。"孤独，是人的一种宿命，更是精神优秀者所必然选择的一种命运。

　　布雷斯巴斯达曾经说过："所有人类的不幸，都是起始于无法一个人安静地坐在房间里。"洗尽尘俗，褪去铅华，在这喧嚣的尘世之中，要保持心灵的清静，必须学会享受孤独。孤独就像个沉默少言的朋友，在清静淡雅的房间里陪你静坐，虽然不会给你谆谆教导，但却会引领你反思生活

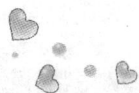

的本质及生命的真谛。孤独时你可以回味一下过去的事情，以明得失；也可以计划一下未来，以未雨绸缪；你也可以静下心来读点书，让书籍来滋养一下干枯的心田；也可以和妻子一起去散散步，弥补一下失落的情感；还可以和朋友聊聊天，古也谈谈，今也谈谈，不是神仙，胜似神仙。

孤独，实在是内心一种难得的感受。当你想要躲避它时，表示你已经深深感受到它的存在。此时，不妨轻轻地关上门窗，隔去外界的喧闹，一个人独处，细心品味孤独的滋味。虽然它静寂无声，却可以让你更好地透视生活，在人生的大起大落面前，保持一种洞若观火的清明和远观的睿智。

在人生的漫漫长路中，孤独常常不请自来地出现在我们面前。在广阔的田野上，在"行人欲断魂"的街头，在幽静的校园里，在深夜黑暗的房间中，你都能隐约感受到孤独的灵魂。

在现代社会中为生存而挣扎的人总会有一种身在异国他乡之感：冷漠、陌生，好像"站在森林里迟疑不定，未知走向何方"，好像"动物引导着自己"，"感到在众人中比在动物中更加危险"，又好像"独坐在醉醺醺的世人之中"，"哀诉"人间的不公正。总之，互相猜忌，彼此欺诈，黑暗笼罩着去路，危险隐藏在背后，这些就是现实人生的写照。

而保留一点孤独则可以使你"远看"事物，即"从事物远离"，对事物"作远景的透视"，只有这样才能达到万物合一、生命永恒的境界。在这种境界中，你"可以倾诉一切"，"可以诚实坦率地向万物说话"，"人们彼此开诚布公，开门见山"。这也是一种艺术审美的境界，它能"使事物美丽、诱人，令人渴慕"，使人成为自己的主人，使人生获得意义和价值。

尘世中，无数人眷恋轰轰烈烈，以拜金主义为唯一原则而没头没脑地聚集在一起互相排挤、相互厮杀。而生活的智者却总能以孤独之心看孤独之事，自始至终都保持独立的人格，流一江春水细浪淘洗劳碌之身躯，存一颗宁静淡泊之心，寄寓无所栖息的灵魂。

这是孤独的净化，它让人感动，让人真实又美丽，它是一种心境，氤氲出一种清幽与秀逸，营造出一种独处的自得和孤高，去获得心灵的愉悦，获得理性的沉思，与潜藏灵魂深层的思想交流，找到某种攀升的信念，去换取内心的宁静、博大致远的菩提梵境。

年轻时的爱

　　爱是生活中最甜蜜的感情。甚至当爱带来痛苦，那也是一种疯狂而浪漫的痛苦。

　　你恋爱了，这很自然。如果你还没有恋爱，今后你一定会有。恋爱就像麻疹，我们一生都要经历一次，你永远不必害怕会第二次染上它。

　　我们绝不会第二次染上恋爱病。小爱神丘比特是不会在同一颗心上射入第二支金箭的。我们会再度喜欢上谁，再度崇拜上谁，也可能再度对谁产生非同寻常的好感，但我们绝不会第二次恋爱。人心有如烟花，只能一次把火花射向天空。它燃亮于瞬间，宛若流星划过天际，流光溢彩，照亮下面整个世界，周围是我们日常平淡生活的灰暗夜幕。然后，燃尽的空壳落回地面，毫无用途，无人理睬，慢慢地化为灰烬。少男少女们啊，你们对爱情的期望恐怕过高了。你们以为，你们小小的心中有足够的东西去维持这种吞噬一切的激情，使它能持续漫长的一生。年轻人啊，切勿过分相信那闪烁不定的火苗吧。随着岁月的流逝，它会渐渐熄灭，而且再也无法补充燃料。你们会满怀愤懑和失望，眼巴巴地看着爱火熄灭。在自己的眼里，逐渐冷却的似乎正是对方。小伙子会苦涩地看到姑娘不再面露微笑，脸色绯红地跑到门口迎接自己；他咳嗽时，姑娘已不会掉泪，也不再用双臂搂住他的脖子说，没有他自己就活不下去。她顶多会建议他喝点咳嗽药水，即使如此，她的语气也像在暗示：她急于避开他的阵阵咳声，甚于躲避其他一切嘈杂噪音。可怜的姑娘也是这样。她暗自神伤，因为小伙子已不再将她那方旧手帕珍藏在背心里面的口袋里了。

　　感到爱情的血流在血管中奔涌的年轻人，有谁会想到这血的流速竟会减慢下来！20岁的男孩认为，他的爱与他60岁时的爱一样疯狂。虽然他想不起哪个中年或中年以上的男子是以感情的疯狂和投入著称的，但这丝

毫不会动摇他的自信。他的爱情永不衰退，无论别人怎样。谁都没有像他那样爱过，所以世人的体验当然都对他毫无帮助。哎呀，还不到 30 岁，他已经跻身于愤世者的行列了。这并非他的过错。我们已经不会脸红；我们的激情，无论是好是坏，也都消失殆尽了。我们 30 岁时既不憎恶，也

不悲凄；既不欢乐，也不失望，不再像我们十几岁时那样了。我们失望却不至于自杀；我们畅饮成功的酒浆却不会喝醉。多长了几岁以后，我们看待一切都不那么乐观激进了。雄心的目标已经不再那么宏伟；看待荣誉更加理智，而且会与其环境相适应；至于爱情，它死了。"贬抑年轻人的梦幻"的心理如同一层致命的寒霜，不知不觉地渐渐覆盖了我们的心。温情脉脉的表白被抑制；昂贵的鲜花枯萎了；当年那株渴望把枝蔓向全世界的青藤，如今只剩一根风干的枯桩了。

年轻人正是在形成性格时期颤抖着坠入爱河的。他爱的姑娘既可以造就他，亦可毁掉他。啊，年轻人，趁你年轻的爱梦还没有消失，尽情感受它吧！用不了多久你就会懂得：爱是生活中最甜蜜的感情。甚至当爱带来痛苦，那也是一种疯狂而浪漫的痛苦，与事后的悲哀那种钝木而平庸的痛苦迥然不同。当你失去了她，当生活的灯盏熄灭，当世界在你面前展现出一派漫长、黑暗的恐怖时，你的绝望中也掺杂着一半迷醉。

为得到爱的狂喜，谁不会甘冒恐怖之险呢？那是什么样的狂喜啊！只要一想到恋人，你会浑身战栗不已。告诉她你爱她，为她活着，也愿为她而死，那是何等美好！你口吐狂言，让夸张的废话如同洪水决堤，她装作不相信你的话，那又是何等残酷！你怀着一颗敬畏的心伫立着，等待她的到来！冒犯了她，你又何等痛苦不堪！但是，你受她欺侮，乞求她的原谅，脑子里却根本不知道自己错在哪里，这对你又是多么大的赏心乐事！她怠慢你，只为了使你难堪，世界变得多么漆黑一团！而当她莞尔一笑，世界又是多么阳光灿烂！你对她周围的人是那么嫉妒！你对和她握手的男子和与他亲吻的女人是那么痛恨！你那样急切地盼望她的到来，而见到她你又显得那么愚蠢，直勾勾地看着她，嘴里却一个字也说不出来！你无论白天夜晚什么时候出去，都会发现自己站在她家窗口对面，绝无例外！你没有胆量走进她家，只好徘徊在街角，朝她窗口遥望。啊，假若那屋子突然起火，你冲进去，冒着生命危险

把她救出来，任凭自己被烧伤，那该有多好！每个假日你都会去她的圣殿，献上一份寒碜的贡品。只要她肯屈尊迁就，接受你的薄礼，你就会觉得收到了双倍的报偿。她的一切你都视如珍宝——纤巧的手套，她系过的发带，曾栖息在她秀发间的玫瑰，那花叶曾使你写出过你今天已不愿再看上一眼的诗歌。

啊，她是多么美丽绝伦！她像天使一样来到屋子里，使其他一切都显得粗鄙平庸，她太神圣了，不能碰她。即使是凝视她，似乎也是冒犯。想到亲吻她，你马上会联想到在大教堂里唱滑稽调。跑下来，小心翼翼地把她的纤纤玉手捧到你的嘴边，这已经够亵渎了。啊，那些愚蠢时光哟！那时，我们纯洁无私，单纯的心里充满真理、忠诚和崇敬！啊，那些充满高尚企盼和高尚冲动的愚蠢时光哟！

（佚名）

心存希望

心存希望，任何艰难都不会成为我们的阻碍。

有个突然失去双亲的孤儿，生活过得非常贫穷，今年唯一能让他熬过冬天的粮食，就只剩下父母生前留下的一小袋豆子了。

但是，此刻的他，却决定要忍受饥饿。他将豆子收藏起来，饿着肚子开始四处捡拾破烂，这个寒冬他就靠着微薄的收入度过了。

也许有人要问，他为什么要这么委屈或折磨自己，何不先用这些豆子充饥，熬过了冬天再说？

或许，聪明的人已经猜到了，原来在他小小的心灵里，充满着发了芽的脆绿豆苗。整个冬天，在孩子的心中，充满着播种豆苗的希望与梦想。

因此，即使这个冬天他过得再辛苦，甚至还饿昏了过去，他也不曾去触碰那袋豆子，只因那是他的"希望种子"！

当春光温柔地照着大地，孤儿立即将那一小袋豆子播种下去，经过夏天的辛勤劳动，到了秋天，他果然得到丰富的收获。

然而，面对这次的丰收，他却一点也不满足，因为他还想要得到更多的收获，于是他把今年收获的豆子再次存留下来，以便来年继续播种、收获。

就这样，日复一日，年复一年，种了又收，收了又种。

终于，孤儿的房前屋后全都种满了豆子，他也告别了贫穷，成为当地最富有的农民。

（佚名）

两种人生

　　一个对生活、对自己失去期望的人，永远不会成功。而一个懂得改变，顺势而为，笑对挫折的人，才会最终把成功拥在怀中。

迈克尔是一个喜欢拉琴的年轻人，可是他刚到美国时，却必须到街头拉小提琴卖艺来赚钱。

非常幸运，迈克尔和一位新认识的黑人琴手一起，抢到了一个最能赚钱的好地盘，即一家商业银行的门口。

过了一段时间，迈克尔赚到了不少卖艺的钱后，就和那位黑人琴手道别，因为他想进入大学进修，也想和琴艺高超的同学相互切磋。于是，迈克尔将全部的时间和精力投入到了提高音乐素养和琴艺中……

10年后，迈克尔有一次路过那家商业银行，发现昔日的老友——那位黑人琴手，仍在那"最赚钱的地盘"拉琴。

当那个黑人琴手看见迈克尔出现的时候，很高兴地问道："兄弟啊，你现在在哪里拉琴啊?"

迈克尔回答了一个很有名的音乐厅的名字,但那个黑人琴手反问道:"那家音乐厅的门前也是个好地盘,也很赚钱吗?"

他哪里知道,10年后的迈克尔,已经是一位国际知名的音乐家,他经常应邀在著名的音乐厅中登台献艺,而不是在门口拉琴卖艺。

一个人有无成就,决定于他青年时期有无志气。志气的来源并不一定看他年少时是否真的有成就事业的气质,而在于他有没有成就大事业的志向和一颗相信自己永不退缩的心。

尼采曾把他的哲学归为一句至理名言:成为你自己。的确,人生的成功与人生的期望密切相关。一个对生活、对自己失去期望的人,永远不会成功。而一个懂得改变,顺势而为,笑对挫折的人,才会最终把成功拥在怀中。

(佚名)

并没有人捆住你

生活本来无意与你作对,和你过不去的一直是你自己而已。

一个年轻人四处寻找解脱烦恼的秘诀。

有一天,他来到一个山脚下。只见一片绿草丛中,一位牧童骑在牛背上,吹着横笛,笛声悠扬,逍遥自在。

年轻人走上前去询问:"你看起来很快活,能教给我解脱烦恼的方法吗?"

牧童说:"骑在牛背上,笛子一吹,什么烦恼也没有了。"

年轻人试了试,不灵。于是,他又继续寻找。

年轻人来到一条河边,看见一位老翁坐在柳阴下,手持一根钓竿,正

在垂钓。他神情怡然，自得其乐。年轻人走上前去鞠了一个躬："请问老翁，您能赐我解脱烦恼的办法吗？"

老翁看了他一眼，慢声慢气地说："来吧，孩子，跟我一起钓鱼，保管你没有烦恼。"

年轻人试了试，还是不灵。

于是，他又继续寻找。不久，他来到一个山洞里，看见洞内有一个老人独坐在洞中，面带满足的微笑。

年轻人深深鞠了一个躬，向老人说明来意。

长髯者微笑着摸摸长髯，问道："这么说你是来寻求解脱的？"

年轻人说："对对对！恳请前辈不吝赐教。"

老人笑着问："有谁捆住你了吗？"

"……没有。"

"既然没有人捆住你，又谈何解脱呢？"

有许多习惯忧虑的人就如同这年轻人一样，不肯让自己放松下来，老爱自己找麻烦，和自己过不去。当他们在感慨活着真累的时候，不知你有没有想过，生活本来无意与你作对，和你过不去的一直是你自己而已。

（佚名）

心灵的距离已经远去

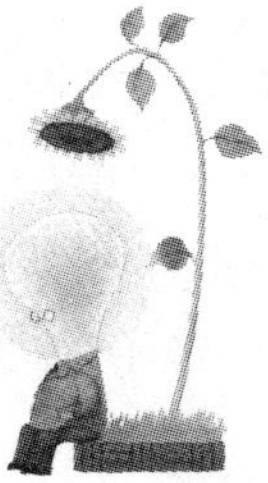

相敬如宾不是爱情，爱是心痛，是使小性子，是毫不掩饰，是蛮不讲理，是泪水和欢笑。

嫁给他时，她的爱已是千疮百孔。爱情曾耗去她全部的激情，那人还是背叛了，让她心如死灰。

年龄渐长，独身的念头慢慢被身边平淡而幸福的夫妻打消，同事介绍了他——一个普通的电气工程师，老实憨厚，薪水一般。

平静的约会，拜见双方父母，买房子，布置家居。新居都是他打理的，她很少发表意见，客客气气，温文尔雅。

他说："这是你的家，总要有一样你自己喜欢的东西吧。"

她选择了葱绿色的窗纱，在葱绿色的窗纱前，她流泪了。他不知所措地抱住她，她却挣脱了，他的心被刺了一下，她拒绝伤痛时的拥抱，把他拒在心门之外。

他们还是结婚了。

她一早起来，给他煮牛奶、烤面包；下班后，早早地回家，笑容温婉，但他依然觉得不能靠近她。他并不追问，因为他明白，爱，是给对方最大的空间，是一点点体温的浸润。

公司要加班，她打电话告诉他。他说好，再没别的话。半小时后，公司的门卫打电话叫她下去。

他拿着保温瓶，里面是小米百合粥。他笑着说："我熬的，一直煨着。这两天，你的胃不好，还上火，不能吃外面的盒饭。"她接过来的还有毛衣和平。

在他转身离去的一瞬间，那个背影如同温煦的阳光，照进了她的心房。

年终，公司开庆功宴，他一杯又一杯，胃烧灼般痛，然后到心，心也烧灼般痛。同事把他架回来，他烂醉如泥，吐了一地，躺在地板上，呼呼睡去。

她用力推他，拿来干净衣服，帮他换上，再用温水给他擦脸。半夜里，他一次次呕吐，她一次次倒茶。他又胡乱睡去，她却惶恐起来。他呕吐得那样厉害，会不会出事？

她记得姨父就是因为喝酒过多。造成急性胃出血，送到医院，已经来不及了。她还想起有一个邻居酗酒如命，最后得了肝硬化。所有不好的后果都涌进思绪里，她几乎一夜无眠。

清晨，他醒来时，一切都好。看着她满是血丝的眼睛，他过意不去，拉她的手，她却一巴掌打开，歇斯底里地骂他，激烈的程度是他从没见过的，她的泪奔涌而出。

他怔住了，片刻后，他却笑了，不顾她的反抗，把她拥入怀中。

他知道，心灵的距离已经远去。她的心对他已经不再设防。相敬如宾不是爱情，爱是心痛，是使小性子，是毫不掩饰，是蛮不讲理，是泪水和欢笑。

（佚名）

谁是与我们共度一生的人

"随着时间的推移，父母会先我而去，孩子长大成人后独立了，肯定也会离我而去。能真正陪伴我度过一生的只有我的丈夫！"

在美国的一所大学里，教授和自己的学生们做了一个游戏。

教授让一位同学在黑板上写下自己难以割舍的 20 个人的名字。学生照做了，写下了一连串自己邻居、朋友和亲人的名字。

教授说："请你划掉一个这里面你认为最不重要的人。"学生划掉了一个邻居的名字。

教授又说："请你再划掉一个。"学生又划掉了一个她的同事。

教授再说："请你再划掉一个……"最后，黑板上只剩下了四个人，学生的父母、丈夫和孩子。

教室里非常安静，同学们静静地看着教授，感觉这似乎已不再是一个游戏了。

教授平静地说："请再划掉一个。"这个学生迟疑着，艰难地做着选择……她举起粉笔，划掉了自己父母的名字。

"请再划掉一个。"教授的声音再度传来。这名女生惊呆了，她颤巍巍地举起粉笔，缓慢地划掉了儿子的名字。紧接着，她"哇"的一声哭了，样子非常痛苦。

教授待她稍微平静后问道：

"和你最亲的人应该是你的父母和你的孩子，因为父母是养育你的人，孩子是你亲生的，而丈夫是可以重新去找的，但为什么他反倒是你最难割舍的人呢？"

同学们静静地看着自己那位女同学，等待着她的回答。

女生缓慢而又坚定地说："随着时间的推移，父母会先我而去，孩子长大成人后独立了，肯定也会离我而去。能真正陪伴我度过一生的只有我的丈夫！"

（佚名）

感人的风景

人总是要从这个世界上离开的，但爱却可以留下来，爱可以永远照耀活着的人。

他和她都是那所高校里著名的教授。

他和她相依相携的身影，曾是校园里的一道美丽的风景。

他和她相濡以沫的爱情故事，曾在年轻的学子中间口口相传。

在那个杨柳泛青的春日里，73岁的他因病先她而去。就在此前两周，他还给我们做过一次精彩的学术报告，那天晚上，银发飘飘的她搀扶着他走出礼堂时，两人满脸的幸福依然历历在目。

噩耗传来时，同学们马上想象出她该是怎样地悲伤，不免暗暗为她担心，深恐她难以承受这突如其来的巨大打击。

第二天的第一节课，同学们不约而同地早早地来到教室，默默地温习起她开设的那门选修课。同学们都以为这节课她肯定不会来了，只是想以这种方式表达对她由衷的敬重。

上课的铃声刚刚响过，她竟再次走进教室，走上了讲台。她的双眼有些红肿，面色也有些苍白，努力掩饰的平静中仍透着浓重的伤感。

"老师，请您今天回去休息吧！"班长代表同学们向她诚恳地提议。

"老师，请您回去休息吧！"同学们异口同声地喊道。

她摇摇头，脸上溢出一抹淡淡的微笑："谢谢同学们的关心，还是让我们继续上课吧。"

她那略有些沙哑的声音开始在教室里回荡起来，还是同学们熟悉的教学风格，她随手拈来的典型例证和条理清晰的深入剖析，让大家津津有味地理解着那部外国现代派作品的深邃的主题。

课间休息时，她双肘拄着讲台，轻轻擦试着额头上的汗水。几个女生围上前去再次真诚地恳求她："老师，今天您就讲到这里吧，我们保证好好自学下面的内容。"

她的眼里盈着晶莹，激动得声音也有些颤抖："你们的心思我懂，我最爱的人走了，我确实非常悲伤，但我不能让悲伤把我困在家里，绑在床上，因为道理很简单——人总是要从这个世界上离开的，但爱却可以留下来，爱可以永远照耀活着的人。我太了解他了，相信他一定会赞同我今天依然站在讲台上，以此来表达我对他的爱……"

她说话的声音不是很大，在静静的教室里，却显得那样响亮，简直就是掷地有声了。

她再次平静地摊开讲义时，同学们不禁感动得报以了最热烈而持久的掌声。

那是同学们在大学里所上的最最难忘的一节课，若干年后，回忆起当时那些清晰如昨的动人的细节，许多同学仍感动得唏嘘不已。

后来，同学们又看到了她在校园里孤独而坚强的身影，看到了她被一群年轻的学子簇拥着的兴奋的情景。同学们都不禁感慨——她和他曾是校园里的一道迷人的爱情风景，他走了，她依然是校园里的一道感人的爱情风景。

（佚名）

错过花期

对爱情不必勉强，对婚姻则要负责。

他和她曾经是同班同学，若干年后在陌生的城市相遇，理所当然地住在同一屋檐下，彼此照应着生活。每晚临睡前，她穿着粉色睡衣，柔顺的长发披泄一肩，站在他的房门口轻声问，"明天你想吃什么菜。"而他，总在她的硬盘崩溃或台灯短路时，很有气概地拍拍她的肩膀："放心，一切有我。"她曾开玩笑地告诉他："我在替你将来的枕边人照顾你的起居，等她适时出现，接管你的生活。"

有她精心调理他的生活，他着装越来越有品位，洁净的外表和日渐成熟的谈吐吸引了越来越多的女孩。他与一群青春焕发的女孩坐在客厅谈笑风生，她退到一边，明白他们的明天已渐渐偏离，26岁的女人再经不起等待，而26岁的他风华正茂，逐爱正烈。

她悄无声息地搬离，只留下一串QQ号码，她在心里说："如果半年内，他意识到我的重要，我就跟他回家。"隔着液晶显示屏，他只有客套的寒喧，他甚至不问她离开的理由和现在的生活。有几次，她想抛开矜持说些感性的话题，他却断然打住话头，直言不讳地说："没事你先忙吧，我在泡女孩子。"尽管他们共同生活了两年，柴米油盐也未能将她变成他追逐对象中的一个，无论生活中抑或网络里，她只是他再普通不过的老同学。

她QQ的好友栏里只有一个头像，每天固执地守望着它明灭，像她的爱情世界，除了半年的等待，一切皆空白，而他浑然不知。28岁那年，她嫁给愿意照顾她的男人，他在QQ里恭喜她："爱情甜蜜，婚姻和满。"她掩面，泪水顺着指缝滴落到键盘上，他却看不见，生命中惟——朵情花未展露芳华便已谢败。婚后的生活平淡而从容，原来全心全意为一个人洗手

做羹汤并不需要爱情，只是在每个深夜，她静默地上线，怔怔地望着好友栏上淡蓝色头像，听他描述现在的爱情和生活。她把身体和一切给了老公，只把心遗留在他身上，充其量，也只是他生活的看客。

30岁生日那天，他在QQ里留言，"看尽千帆才知道自己需要什么，我很想念你做的红烧狮子头和鸭血粉丝汤。"她的心狂跳不已，慌乱中下线。第二天，她下厨做了这两道菜，老公吃着热气腾腾的饭菜，惊喜地问："想不到你做秦淮菜这么拿手，可惜我今天才尝到！"她伸手抚弄老公额前的抬头纹，蓦然间，自觉亏欠太多，他给她丰衣足食的生活甚至宽容她对另一个男人孜孜不倦的爱情，而她竟连几道菜都吝于付出。

自此，她专注于婚姻经营。两年后收到他的E—maif，新婚燕尔的他说："那时候我太小不懂得爱情。"信末他说："如果你想结婚的时候，我刚好在，多好。"

铅华洗尽，他们终于明白，情花曾开，只是错过了彼此的花期。

（佚名）

生命的车票

　　那怕在生命的最后一刻，心里想着的依然是对方，而不是自己。

现在，遥想20多年前蓝光闪过的夜晚，仍隐隐感到恐惧和悲戚。

7月28日，是我们刚刚结婚后的第5天，我们本来已经计划好，利用婚假的剩余几天去秦皇岛、北戴河好好玩一玩，两张火车票已经买好，就放在床头柜上。这个建议是我提出来的，就在灾难降临的前一天提出来的。我对他说："我在唐山生活了20多年，还没有迈出过唐山市的大门，我想去北戴河，可以吗？"他轻轻地抚摩了我的头，笑吟吟地说："为什么不可以呢，今后只要我们能挣到钱，我每年都和你到外地玩一次，让你走遍全国。"

我满意地笑了，说："今年我们两个人，以后就是我们 3 个了。"他听了我的话，眼里闪着希望的光芒，轻轻挽着我的手臂，在屋里转了几圈。

吃过晚饭，我们一起准备好了行囊后就甜甜地进入了梦乡。不知睡到什么时候，我做了一个梦，梦中我俩穿着鲜艳的泳衣，携手奔向蔚蓝的大海，在清凉的海水里上下起伏，随波逐浪。忽然间，一阵大浪向我们压来，并且伴随着震天动地的吼声……当我挣扎着睁开眼时，周围漆黑一片，仿佛整个天空都坍塌下来一般。这时我听到了一个痛苦的呻吟声，是他的，就在我耳边。恐惧一下子袭遍了我的全身。我听到了他扭曲的声音。我……被……压住……了。我几乎带着哭腔不知是问他还是问自己：这是怎么了？房子塌了吗？难道是地震了吗？我说对了，是地震，一场灾难性的地震发生了。

我想坐起来，想弄清楚怎么了，可我刚刚一抬头就重重地撞在了上面坚硬的水泥板上，差点儿晕过去。我只好让手在他身上一直摸过去。在水泥板和他身体相交的地方，我摸到了粘粘的、掺杂着碎沙石颗粒的液体。血！从他身体里浸出的浓浓的热血。我哭了，几乎是嚎啕大哭。我紧张地问：疼吗？他说不疼。然后他用另一只没有压伤的手牢牢地抓住了我颤抖的手，关切地问：有没有……东西……压在你……身上？我活动了一下身体，告诉他没有。他说："那就不要哭了，我是顶天立地的男子汉，必与天斗与地斗，现在正是天地考验我的时候，我一定能战胜它们"！我紧紧地贴在他身边，鼻子酸酸的："都什么时候了，你还有心思说笑话。"

我们仰脸躺在床上，用两个人的 3 只手臂一起推压在身上的那块水泥板，试图把它推开，然而失败了，水泥板像焊在那里一样，纹丝不动，只有几粒沙尘哗哗落下来。他鼓励我别怕，过一阵会有人来救我们的。我告诉他："只要在你身边，我什么都不怕。"

枕头下的手表"嗒、嗒"地敲击着狭小的空间。我用手向另一侧摸去，幻想能摸到一丝光明，摸到一线生的希望。水泥板，还是水泥板；砖块……我几近绝望，生命的支柱一瞬间像房屋一样坍塌了。

真的不甘心走向死亡啊，我们刚刚结婚还不足 5 天响，蜜月还没有渡完，我还没有生孩子，女人做的事情还没有做完，今后的路还很长，对，还有秦皇岛、北戴河，还有那两张车票就放在床头柜上。车票使我产生了新的动力和勇气，于是继续摸索。床头柜——车票——我真的触摸到了一张硬纸板，真的是车票！我欣喜万分地把车票攥在手里，激动地摇着他的肩膀：我找到了车票！他也很高兴：两张，车票？我心头一沉，一张，可另一张呢？另一张车票被水泥板牢牢地压住了，只露出极度小的一角，我试图把它拉出来，却几次都未如愿。我无言以答，默默地流泪。他好像什么都知道了："不要紧，我们可以……再买一张……"

沉重的水泥板一端压在他身上，一端压在床头柜的车票上，两个支点为我留下了一块赖以生存的空间。

不知什么时候，表的"嗒嗒"声停止了，我们不知道已经过了多少时间，也不知道外边的世界发生了怎样的变化，除了一张车票和一个他，我什么都没有，就连一点点的生的希望都在渐渐稀释、融化。肚子"咕咕"地叫个不停，嘴唇像干裂的土地，四肢瘫软无力，眼里闪着眩晕的亮星，似乎他已经意识到了我的信念正在一点一点地崩溃，便开始给我讲述外部世界的故事：北戴河的海滨清爽怡人，海是湛蓝的，人是欢乐的；美丽的西双版纳聚居着很多少数民族，每年一度的泼水节异常热闹；橘子洲遍地生长着橘树，秋天的橘子水分充足，甘甜如蜜……他讲述的每一段情景都让我产生许多遐想，仿佛大海就在眼前，泼水节的水就泼在我的身上，橘子就在我的唇上滋润……一种无形的力量在我身体内涌动，一个生命的光环在眼前扩散，越来越大，越来越亮。

他用生命的余辉为我点燃了一支希望的蜡烛，这支蜡烛一直照耀着我走出地狱之门，重返光明的人间。7 月 31 日清晨（这是后来才知道的），压在我们头顶的水泥板被掀开了，一道阳光瞬间泻在脸上，我仿佛一下子从梦里醒来，竟意外地喊出了声音：我们活了！当我急急地附在他身边时，映入眼帘的一幕突然间让我变傻了：他的右半部身体完全被砸成了肉泥，殷红的血凝固在废墟的石堆里。他只看了我一眼，嘴角渗出一丝浅浅的笑纹，就闭上了双眼。他以最顽强的精神、最坚韧的毅力和最深切的爱恋，陪伴和激励我度过了最艰难、最黑暗的三个昼夜，然后，他才安心地走了。

当我的身体复原不久，我也离开了唐山——那座令我心痛的城市。随身带走的只有一张车票。

二十多年过去了，二十多年的岁月里我没有去过秦皇岛、北戴河，甚至没有离开过现在生活的城市。没有他的陪伴，我将不会再去任何一个地方。我知道人不可能再有来世，可我又总是在想：如果真的能有来世该多好，我们重将成为眷属，携手走遍天涯海角。

那张车票我至今还完好无损地保存着，我相信，定将有一天，它会带我跳上隆隆作响的列车，驶向他的身边。

（佚名）

珍惜现在

每一个人都要学会珍惜现在，珍惜身边的一切。

我永远都会记得那个晚上，我像平时一样在看体育新闻，妻子洗了澡出来对我说："我的脚上怎么多了一颗黑痣？"

我是一个毫无医学常识的人，觉得女人都喜欢大惊小怪的，就没有理会她。

我们的生活应该说是很和谐、很安逸的。从我在公司任了高职之后，她就当起了全职太太。我的工作三天两头要加班，还经常出差，有时候一走就是三个星期。出差在外，别人都会很担心家里老人身体如何，孩子功课怎么样；而我，总是悠闲笃定的，我知道，她会去照顾我父母，她会辅导儿子功课。事实上，羡慕她的人和羡慕我的人一样多。在别人眼里，她不用朝九晚五看老板脸色；我们早就买了车，住进了位于西区的三室两厅。我们虽然都不知道浪漫是怎么回事，但感情一直很好。

我太太以前是一个药剂师，有一点医学常识，她知道这种莫名其妙，不痛不痒，忽然长出来的黑痣很可能是有问题的。她自己去看了医生，诊断下来是皮肤癌。这个结果把我们一下子就吓懵了。那些日子，我陪她跑遍了沪上最有名的大医院。所有的诊断都是一样的，并且一位很有名的医生告诉我，她得的这种癌症的死亡率是90%！是皮肤癌中最最凶险的一种。

不久，就像医生预言的，她的腿上、胳膊上、背上也不断长出新的黑痣来。她的身体和精神也渐渐开始衰落。

在我的印象中，我还会偶尔感冒发烧肚子疼，我太太几乎没有生病的时候。可是现在，从来闲不住的她终于躺到了医院的病床上。

没有了她的家变得冷冷清清的。厨房里没有了热气，卫生间的马桶，家具上都蒙了灰。以前明亮的、温暖的，回来就感觉舒服的地方变成了一个我几乎要不认识的地方。我对家里的许多东西居然是陌生的，用微波炉解冻、蒸饭，我搞了半天不知道分别用哪一档，冲一咖啡或者茶，煮一碗速食面，热一碗汤，弄出来的味道怎么就是同她弄的不一样。以前她轻而易举就递给我的日用品，现在我翻遍了抽屉都找不到。

从她住院，我就开始休公假、请事假，尽力多陪她。因为这时候我才明白，如果没有一个家，如果家里没有一个体贴的妻子，男人挣再多的钱，在外面再风光也是空的。

就在她病情趋向恶化的当口，一位熟人告诉在广州有一个专门治疗这类皮肤癌的医院，有类似的病例在那儿被治愈过，但费用很高，一个疗程三个月，大约要30多万元，治愈率大概有30%。当我把这个消息告诉妻子的时候，被病痛折磨得近乎失神的她对我清清楚楚地说了三个字：我要活！真的，我以前从来没有觉得我们是多么恩爱的夫妻，可是，那一刻，我觉得我们是世界上最最相爱、最最适合做夫妻的男女，我们能够生活在一起有多么好。她要活，我要她。我们要一起老，一起等儿子长大，一起听儿子的儿子喊我们"爷爷、奶奶"。我下了决心陪她去广州。我去公司请事假的时候，我还听到有同事在轻声说："如果是我，能省就省了，30万哪，万一治不好，不是人财两空嘛。"

　　说这些话的人没有体会过亲人将要离去的悲哀，也不知道这一线生机带给我们的希望。当时我想，哪怕是 60 万、100 万，把房子卖了，把车卖了，只要她能够活，我也心甘情愿。

　　去广州之前，我到家附近的超市去买一些需要的日用品。中秋节的前夕，超市里到处都是兴高采烈的脸，人们说着笑着。我忽然觉得，我同那群快乐的人隔离了，所有的欢声笑语从妻子得病那刻起就已经同我没有关系了。

　　我按照她开给我的单子买了许多日用品，当我提着袋子出门的时候觉得很重，那么多年来，家里吃的、用的一切都由她安排得妥妥贴贴的，我从来不知道米多少钱一袋，油多少钱一桶，我从来不知道这些东西从超市运到家里其实也是很累的一件事情。我一度觉得家里的顶梁柱是我，当她骤然倒下的时候，我才意识到，她才是家里的主心骨。

　　我们在广州度过了结婚以来最最亲密的日子，那三个月里，我们朝夕相处寸步不离，常常一起笑一起哭，想不起来有多久我们没有这样倾心交谈了。开头的一个月治疗下来，她似乎觉得好一点了。偶尔，我还揽着她在花园里散散步。我们回忆在人民公园门口的第一次见面，第一次看电影是在胜利电影院，是一部叫《最后的情感》的意大利电影，她还记得是索非亚？

　　罗兰主演的。她告诉我，其实我约她看这部电影的时候，她已经与同学一起看过了，但她不忍心回绝我，所以陪我一起又看了一遍。这个情节我们似乎只在蜜月的时候回忆过，现在说起来，只觉得伤感。结婚这么多年来，我们从来没有在一起说那么多的话。

　　三个月里，我眼看着她慢慢地憔悴，特殊治疗对她不起作用，她终于连一碗粥也喝不下了。到了后来，她跟我说："我想回家。"就这样，我们带着绝望的心情回到了家。

　　回家之后，她的身体越来越弱，并且癌症病人最害怕的疼痛症状开始显示出来。她整夜整夜地睡不着，整夜整夜地被疼痛折磨得辗转反侧痛苦呻吟，止痛针也不起作用了。我恨不得去代她受苦，代她痛。我实在没有办法用个人的力量来承受这种痛苦了。

　　偶尔她觉得好一点儿的时候，就开始向我交代家事。我这才知道，家

务事那么多、那么繁琐，她一个人平时在家里有多么忙碌。她还告诉我说，我每次吃了觉得好吃的糟蹄是在哪家饭店买的，我平常穿的内衣要买哪一个牌子，到哪家超市去买。去世的前三天，她甚至教我怎么使用洗衣机，那台已经用了好几年的洗衣机当时是我同她一起去买的，买来之后就一直是她在操作的。

临终前几天，她一直说同我结婚，她很幸福，我们在广州的三个月，是她一生最幸福的日子。那三个月也会是我一生的珍藏。虽然，因为这三个月，我失去了提升的机会，损失了许多物质的东西，但同与妻子的相守比起来，所有的东西都成了身外之物。幸好有了那三个月，否则我一生都会良心不安的。

她去世的那天，很平静。我告诉儿子，妈妈是去了另一个地方等我们，将来我们还会在那里团聚的，那时候，妈妈还是妈妈，爸爸还是爸爸，他依旧是我们的孩子。

现在，我最怕看到人家快快乐乐的一家三口，每次路过人民公园，路过原来的胜利电影院，路过我们一起去过的超市商店，我都忍不住要哭。用洗衣机的时候；按微波炉的时候；我为儿子找换季衣服的时候；加班回家晚了，为自己泡方便面的时候；半夜里醒来，一个人睡在那张大床上的时候，我都想哭。她在的时候，我并没有感觉到有什么特别的幸福，她就是我结婚多年感情还不错的妻子，是孩子的妈妈。她不在的时候，仿佛天塌了。

以前看到电视剧里的男人在爱人去世之后大哭，我觉得是煽情的表演，现在我跟着他一起流泪。那天在马路上看到一辆无偿献血车，我又想到她了。记得有一次，单位里组织献血，正好轮到我。她听说后曾一本正经地问我："可不可以让我代替你去？反正我不上班。可以在家里休息。"我还笑她："有病，让人家知道了不要笑死我。"我献完血回家，她为我做了菠菜猪肝汤和赤豆莲心粥。我想到，她常常对儿子说："家里爸爸赚钱最辛苦，所以爸爸最重要。"其实，她才是最重要的，没有了她，我们父子两个人已经失去了世界上最重要的东西——快乐。

我为她在余山买了一处穴墓。我用红笔涂"爱妻"两个字的时候，心里特别难过。我不是一个善于表达感情的人，谈恋爱的时候，我也不曾对她说过"爱"这个词。

看到她有时候翻琼瑶小说，为电视剧里的爱情流泪，还要笑她。现在，"爱"这个字，我居然只能书写在她的墓碑上。我的爱妻，如果她能重新活过来，我愿意千百遍地对她说这个"爱"字，这个所有的女人都愿意从自己爱人的嘴里无数次地听到的字，为什么？我没有在她希望我说的时候，在她健康的时候对她多说几次啊！

我想告诉健康而幸福地生活的丈夫们，好好地爱惜你们的妻子，多留一点时间给妻子，不要忽视她为你做的一切。有许多东西，不要到失去了才懂得它的美好。

妻子，是世界上最爱你的，最懂你的，最愿意为你付出一切的女人。此外，任何一种男女之情都不能同夫妻之间的真情相比。

（佚名）

人生的第一瓶香槟酒

亲情似水，淡淡的，只有用心去品，才会发觉其个中滋味；
亲情似酒，愈久弥醇，会让人陶醉。

当我爱上 16 岁的罗丝时，我正好 18 岁。我们是在游泳池里认识的。
然而，我们的友谊当时只限制在冷饮店里的约会。

每当我想罗丝的时候，就兴奋地等待和她再次见面。当她真的又来到
我身边时，我事先准备好的许多美丽动听的句子却都不翼而飞了。我胆
怯、拘谨地坐在她身边，手脚无处放，不知所措。罗丝肯定也察觉到了这
些，因为她在不断地设法让我活泼起来，或者让我感到我是她的保护人。
我的自信心由此也坚定起来了。我拼命地鼓起勇气，开始定期地邀请我的
罗丝去游泳或去冷饮店。

事情朝着顺利的方向发展。直到有一天罗丝告诉我，她对去冷饮店感
到厌倦了，那是小孩子去的地方。她要正正经经地出去一趟，像她姐姐那
样去喝一杯香槟酒。

起初我装着什么也没听见。但我的耳朵里却不停地重复着香槟酒这几
个字。我仅有的零钱几乎都花完了。尽管如此，我仍不露声色，还用漫不
经心的口气说："香槟酒，好呀，为什么不去喝一杯呢！"我的话似乎在
表明，喝这种饮料对我来讲就像做任何一件理所当然的事一样。人在热恋
中是什么都能装得出来的。

钱终于存够了。我带着热恋的人来到城里最好的一间酒吧。这里富丽
堂皇，婉转动听的音乐在低声地围绕着我们，侍者们悄无声息地来回走
动。在这种高雅、朦胧的气氛里，我的胃也莫名其妙地作怪起来。

当我们在一张小桌旁就坐后，我不得不集中精力，以免我和罗丝在大

庭广众之中出丑。我把侍者唤来，激动之中尽可能用无所谓的口气要了一瓶香槟酒。侍者上了年纪，两边鬓角已经灰白，有一双亲切的眼睛。

他默默地弯下腰，认真而严肃地重复道："一瓶香槟酒，赶快。"

他是尊重我们的。在他的脸上没有一丝讽刺的笑容。看来我穿上姨妈送给我的西服和系上新的红领带是对的，周围的客人也都把我们看作是成年人。不管怎样，我已17岁了。罗丝穿的是她姐姐的漂亮的黑色连衣裙。

侍者回来了，他用熟练的动作打开了用一块雪白的餐巾包裹着的酒瓶，然后，把冒着珍珠般泡沫的饮料倒进杯子里。太壮观了！我们仿佛置身在另一个世界里。"为了我们的爱情，干杯！"我说道，并举起杯子和罗丝碰杯。

喝第二杯时，我抚摸着罗丝的手，她不再抽回去了。喝第三杯时，她甚至允许我偷偷地吻她一下。香槟酒太棒了。罗丝说她已微醉了，我也同样浑身发热，可惜，酒已喝完了。我们还能再要一瓶吗？我偷偷望了一眼酒的价格表。哦，不行了。

"快一点来算账，先生。"我大声地喊道。真糟糕，我对自己的粗鲁既吃惊又骄傲。侍者来了，他把账单放在一个银盘子里，默默地将账单挪到桌上。当他转身走后，我拿过账单，读道：一瓶矿泉水加服务费共1.1马克。下面又写道：原谅我，孩子。你们尚未成年，不能喝酒，但我确实不想扫你们的兴，所以擅自给你们换了矿泉水。你们的侍者。

我的罗丝一辈子也不知道她喝的第一瓶香槟酒是矿泉水。

（佚名）

有一种爱，很小

"因为她是我的好朋友。"

不管他们选择的目标是什么，迫击炮弹还是落到了一个越南小村庄的孤儿院里。几个教士和一两个孤儿被炸死，还有几个孤儿被炸伤，其中有个大约 8 岁的小女孩。

村里的人到邻近的一个和美军有无线电通讯联系的小镇上去求救。最后，美国海军的一名军医和一名护士带着急救箱，乘吉普车急匆匆地直达村里。他们发现那小女孩伤得非常严重，如不抓紧手术，她就会因长时间休克和失血过多而死亡。要及时地给她输血，这就需要和她有同种血型的献血者。护士很快地给在场的人进行血型化验，结果，没有一个美国人和小女孩的血型吻合，但有几个没受伤的越南孤儿却和她血型吻合。

美军军医和护士一会儿用越南语，一会儿用法语，一会儿打手势，试图向这些被吓坏了的孤儿们解释，如果不马上给这个小女孩献血，她就必死无疑，然后他们问孤儿们，有谁愿意给小女孩献血。

孤儿们听后，一个个瞪着大眼睛，一句话也不说。过了一会儿，一只小手颤巍巍地慢慢举了起来，很快又放了下来，接着又举了起来。

"啊，谢谢你。你叫什么名字？"护士用法语说道。

"恒。"小男孩答道。

护士很快把恒安置到担架上，用酒精在他的胳膊上擦了擦，把针头插进他的血管里。恒一声不吭，僵直地躺着。

过了一会儿，他突然发出了一阵颤抖的抽泣，但很快就用另一只手将脸蒙住。"疼吗，恒？"军医问道。恒摇摇头，并又用手遮住脸，试图不哭出声来。军医又一次问他是不是针头刺痛了他，他又摇了摇头。

又过了一会儿，恒又轻轻地哭出声来。他紧紧闭着眼睛，把拳头放进嘴里，试图止住抽泣。

军医和护士感到一定是出了什么问题，正在这时，一个越南护士正好赶到。她看到这种情景后，直接用越南语问恒到底是怎么回事，她听了恒的回答后，温柔地对他说了些什么。

过了片刻，恒停止了哭泣，抬起眼睛询问似地看着越南护士，越南护士向他轻轻点了点头，恒脸上紧张的表情顿时释然。

越南护士看了看美军军医和护士，然后轻轻地说道。"他以为他快要死了。刚才他误解了你们的话，他以为你们要把他的血全部输给那个小女孩呢。"

"但他为什么又愿意献血呢?"美军护士问道。

越南护士用越南语把美军护士的话又给恒说了一遍。恒回答说。"因为她是我的好朋友。"

（佚名）

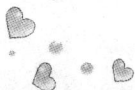

点亮一盏心灯

漫漫长夜中，只有点亮心中的明灯，才不会迷失人生的方向。

1962 年初秋，三年自然灾害进入最困难的时期。那年，爷爷饿死了；母亲全身浮肿；父亲营养不良患了严重的夜盲症。我呢，饿得实在支持不住，从学校逃回了家。"

父亲对我逃学很不满意，一天几次地对我说："饿，扛一扛就过去了；学，千万不能不上！"我听不进父亲的劝告。

那天早晨，我跟着父亲进吕梁山采集野果。离家时，妈妈对我说：

"宝娃，早早和你爹回家啊，千万别等天黑。天黑了，你爹有夜盲症，山道坎坎坷坷的，他分不清东西南北，可不好回家呀！"

我对母亲说："妈，你放心吧，不会有事的。条条山道通咱村，闭上眼睛也能摸回家的！"

我和父亲进了深山。虽然路程远了点儿，但山上山梨、山桃、榛子很多，我们父子俩越采越起劲，不知不觉竟忘了回家的时间。当我抬头看天时，太阳已经落山了，夜幕开始降临。我急急地高喊父亲："爹！爹！快回家吧，天黑啦！"

我和父亲收拾好采集的野果，急步向山道攀去。不巧，这天浓云密布，近山坡，一丝亮光也没有。我们像被扣在一口大黑锅内。父亲什么也看不清，全靠我拽着他在灌木丛中艰难地挪动。

我背着野果，拉着爹，爬上滑下，拐来转去，就是找不着回家的山路。

"我们这是往哪儿去呀？"爹不解地问我。

"不知道。"我无可奈何地说，"云彩遮住了星星，我们迷路了。"

患夜盲症的父亲站在那里向着黑黢黢的山谷深吸几口气，突然把我推到他身后，大步领我走了起来。很快，带我找到了回家的山路。

"爹，你视力不好，怎么能辨出方向？"我惊疑地问。

"孩子，你还嫩着哩！"爹说，"我虽患有夜盲症，但心里却亮着一盏灯哩！"

父亲的话提醒了我：人，在危难时，在迷茫中，应为自己点亮一盏心灯！

第二天，我背了一些野果，毫不犹豫地重返课堂。我忍着饥饿，努力学习，考上了高中，上了大学。

至今，我还常常回味着那段颇富哲理的经历……

（佚名）

萤火虫与蜗牛

人们常常不容易败给表面强大的较量者，不容易败在十分重大的问题上，却会轻易败给看似弱小的对手，轻易败在一些看似无关紧要的细节上。

萤火虫与蜗牛，对于从小在农村长大的孩子来说是再熟悉不过了。

小时候，每逢仲夏之夜在室外纳凉时，随处可见尾部萤光一闪一闪的萤火虫四处飞舞，我和小伙伴兴味无穷地提了一只又一只装在小瓶里玩耍。在我们看来，萤火虫真是小得可怜，而且实在笨拙，总是被我们非常轻易地逮住；而田间地头随处可见的蜗牛呢，相对于萤火虫来说，已是一个庞然大物了，而且蜗牛比萤火虫机敏多了，一旦有什么危险，立马就把头缩进了硬壳里。在我们眼里，萤火虫与蜗牛各有各的世界，是没有任何

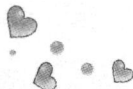

联系的。

　　长大后，我看到一则有关萤火虫与蜗牛的资料后让我大吃一惊。资料上说，萤火虫竟然是肉食小甲虫，而它的食物就是蜗牛。我迷惑了：萤火虫看起来那么小巧、柔弱和笨拙，怎么对付得了蜗牛呢？而蜗牛是那么敏感和警惕，它的很多天敌常常拿它无可奈何，又怎么可能会被小小的萤火虫吃掉呢？及至看完全文，我才恍悟。

　　原来，萤火虫的头顶有一对颚，弯拢后就成为一把钩子，钩子上有一条沟槽，那东西细小得像头发，很尖利。萤火虫捉蜗牛时，先用颚在蜗牛的肉体上轻轻地敲敲，最多也就敲五六次；而蜗牛根本未把弱小的萤火虫放在眼里，对其冒犯并不在意，甚至觉得被敲打几下如同按摩一样很舒服。它哪里知道，萤火虫的这种敲打就是向它注射一种毒液，蜗牛则在毫无警觉的情况下被麻痹，直至失去知觉。当蜗牛被毒倒后，萤火虫再敲它几下，注射另外一种液体，使蜗牛的肉变成流质，然后用管状的嘴喝下肚去。而一只蜗牛可以供不少萤火虫吃上好多天。

　　生活中，也许有人会嘲笑蜗牛，但不少人又何尝不像这蜗牛？他们常常不容易败给表面强大的较量者，不容易败在十分重大的问题上，却会轻易败给看似弱小的对手，轻易败在一些看似无关紧要的细节上。

　　萤火虫的胜利不仅是因为它有致命的毒液，更得益于它一副弱小的能迷惑对手、使对手放松戒备的躯体。面对精明的蜗牛，萤火虫的弱小不是劣势，反而成了一种得天独厚的优势。

（佚名）

欲望是条繁复的锁链

欲望就像是一条锁链，一个牵着一个，永远都不能满足。

有一位禁欲苦行的修道者，准备离开他所住的村庄，到无人居住的山中去隐居修行，他只带了一块布当做衣服，就一个人到山中居住了。

后来他想到当他要洗衣服的时候，他需要另外一块布来替换，于是他就下山到村庄中，向村民们乞讨一块布当做衣服。村民们都知道他是虔诚的修道者，于是毫不考虑地就给了他一块布，当作换洗用的衣服。

当这位修道者回到山中之后，他发觉在他居住的茅屋里面有一只老鼠，常常会在他专心打坐的时候来咬他那件准备换洗的衣服。他早就发誓一生遵守不杀生的戒律，因此他不愿意去伤害那只老鼠，但是他又没有办法赶走那只老鼠，所以他回到村庄中，向村民要一只猫来饲养。

得到了猫之后，他又想到了：猫要吃什么呢？不能让猫去吃老鼠，但总不能跟我一样只吃一些水果与野菜吧！于是他又向村民要了一只乳牛，这样，那只猫就可以靠牛奶维持生命。

但是，在山中居住了一段时间以后，他发觉每天都要花很多的时间来照顾那只母牛，于是他又回到村庄中，找了一个可怜的流浪汉，并将他带回山中，帮他照顾乳牛。

流浪汉在山中居住了一段时间之后，他跟修道者抱怨：我跟你不一样，我需要一个太太，我要正常的家庭生活。修道者想一想，觉得有道理，他不能强迫别人一定要跟他一样，过着禁欲苦行的生活。

这个故事就这样演变下去，你可能也猜到了，到了后来，也许整个村庄都搬到山上去了。

（佚名）

走进星星的世界

打败自己的不是环境，而是自己。

有一个美国年轻军官被派到一处接近沙漠边缘的军事基地。

他不想新婚的妻子跟着他离开都市生活前往沙漠受苦，但妻子为了证明夫妻同甘共苦的深情，执意一同前往。

军官只好带着妻子前往，并在驻地附近的印第安部落中帮妻子找了个木屋安家。

该地夏天酷热难耐，风沙多且早晚温差变化大，更糟的是部落中的印第安人都不懂英语，连日常的沟通交流都有问题。

过了几个月，妻子实在是无法忍受这样的生活，于是写了封信给她的母亲，除了诉说生活的艰苦难熬外，信末还说她准备回去过都市生活。

她的母亲回了封信跟她说："有两个囚犯，他们住同一间牢房，往同一个窗外看，一个看到的是泥巴，另一个则看到星星。"

妻子倒不是真的想离开丈夫回都市，只是发发牢骚罢了！接到母亲的信件后，便对自己说："好吧！我去把那星星找出来。"

从此后她改变了生活态度，积极地走进印第安人的生活里，学习他们的纺织和烧陶，并迷上了印第安文化。

闲暇之余，她还认真地研读许多善于星象天文的书籍，并运用沙漠地带的天然优势观察星星，对此十分着迷，几年后出版了几本关于星星的研究书籍，成了星象天文方面的专家。

"走进星星的世界。"她常常在心底这样跟自己说。

（佚名）

别让灰尘落到心上

> 只有那颗慧心不曾蒙尘的人，才能发现生活的缤纷色彩，品尝到成功的喜悦，并为之陶醉。

一粒灰尘能带来什么样的影响？

在天文学家洛韦尔预言在海王星外有一颗尚未发现的行星后，匹克林用望远镜拍照观察了十几年，却一无所获。直到冥王星被发现后，他才恍然记起自己拍的照片上有这个点，只是当时他记得镜头上有粒灰尘，正在如今冥王星的位置上。就是这粒灰尘，让第一张冥王星的照片静静躺了11年，也让匹克林错过了发现冥王星的机会，使得匹克林十几年的努力付诸东流。

同是一粒灰尘，却让弗莱明发现了青霉素。在他之前，很多人都注意到了葡萄球菌现象，可是都没有能继续深入研究下去。他在培育菌种时，飘来一粒灰尘，落到了培养皿中，结果受到污染的霉菌周围清澈透明，葡萄球菌繁殖区域的黄颜色消失了……原来在灰尘中生成了青霉菌。就这样，弗莱明发明了抗菌新药——青霉素。

不过，真的是那粒灰尘叫匹克林功败垂成，而让弗莱明功成名就吗？镜头上是落上了灰尘，但更主要的是匹克林心上也落上了灰尘，他认为冥王星不可能运行在灰尘所在的区域中，否则他怎么会吝惜那丝吹灰之力呢？而当那粒灰尘飘到培养皿中时，弗莱明心上并没有因此蒙上灰尘，要不严谨的他怎能不把它倒掉从头再来呢？

世界灰尘蒙蒙，而只有那颗慧心不曾蒙尘的人，才能发现生活的缤纷色彩，品尝到成功的喜悦，并为之陶醉。恰如弗莱明于纷乱之中，以其不染尘的睿智，从那粒纤小的灰尘上抓住了成功的机会一样。

所以，那粒灰尘可以落到镜头上，落到培养皿里，落到任何地方，却一定不要让它落到心上，因为我们本来就是用心来观察触摸这个世界的！

（佚名）

走过痛楚的心灵驿站

在人生的长路上，越往前走，我们越感觉到沉重。肩上的背篓里装载的很多东西都是沉重而无意义的，比如悔恨，比如伤害，比如亏欠。

很久没有联系了，同学若萍忽然从美国来电话，隔着千山万水，依然能听出她声音中的坚决："我春节回国，你无论如何也要帮我联系到段莉莉，我想亲口对她说声'对不起'。"

这么多年来，大家谁也没有对她提起过段莉莉，大学时的一段过节，曾经造成过持久的伤害，我们都以为她想忘却。

段莉莉的父亲在她很小时就离弃了她和母亲。长期的单亲生活及母亲的怨愤和偏执，造成了她孤僻倔傲的性格。紧张愉快的大学生活，渐渐抚平了她的伤口，到了大三，她已经常常参加一些集体活动。那时候她和若萍是室友，不知怎么就闹翻了，吵得不可开交，口不择言的若萍脱口骂了她："你没父亲管教，所以这样没教养！"

段莉莉掩面而去，从此极少与同学来往，也不再参加集体活动，连毕业照都没有去拍……

几年过去了，昔日的老同学早已各奔东西，去谋自己的前程，若萍也远渡重洋去了美国。时光雕塑着面容和心灵，在生活里摸爬滚打着，大家都已有伤痕，心灵也渐渐蒙上一层老茧，往事也渐渐如琥珀一样封存。

我以为若萍也一样，已将往事慢慢淡忘。

可是电话里她的声音如此懊悔。她说这几年她始终不能忘记当初那件事，不是她至今还对别人心存恨意，而是她无法原谅自己。当日冲口而出的那句话，从来没想到会成为如影随形的噩梦，在最欢愉的时候幽灵般到来，时时苦痛了她的心灵。当初以为伤害的是别人，时光流逝之后才渐渐发现，其实伤害最深的还是自己。

我劝慰她，也许别人早已忘记了当初的伤害，距离一旦拉远，沉淀下来的往往只有美好，而伤心与怨恨会在记忆的网眼里有意或无意地漏尽。就像我自己，偶然翻中学时的日记，发现有几张页码有意粘贴在一起。小心地打开来，天哪，上面用红色水笔气势磅礴地写着若干大字：我真是恨死他了！我永远也不会忘记他对我的伤害！每一句后面都有一连串惊心动魄的感叹号，像一眼眼愤怒的机枪、口，虽然年代久远早已不再喷火，但仍然可以想象得到当初那种激烈的情绪。可不好意思的是，上面这个承载我强烈憎恶的"他"，我却再也想不起是谁。

然而，她坚持："这么多年来，这是我惟一不能释怀的一件事，只有亲口对她说出抱歉，我才可以放下心中沉重的包袱，真正轻松。"

有些事情我不知道该如何跟她说。生命中很多话、很多事一经说出做出，可能就再也无法挽回。

很小的时候读了很多鲁迅的文章，最使我震动的却是那篇短短的《风筝》。严厉的大哥最鄙视玩风筝这类没出息的玩意儿，年幼多病的小弟却最喜欢，他背着大哥独自躲在堆放杂物的小屋里扎制风筝，被大哥偶然发现，将它扔在地上狠狠踩碎，只留下小弟绝望地站在小屋里。很多年以后，人到中年的两兄弟脸上都已添刻了许多的辛苦条纹，大哥的心却越来越难以释怀，终于向小弟说起少年时代的糊涂，无故地虐杀了他的快乐，希望能得到他的宽恕和谅解。然而，对方已经全然忘却，毫无怨恨，自然也无所谓宽恕。

当年读这篇文章，心中的伤感至今仍清晰记得，一是为了破屋中躲起来做风筝的小孩，他的心灵该遭受了怎样的戕害？一是为了人到中年的大哥，沉重地道出自己的忏悔，却永远也不会得到宽恕和谅解，因为遭受伤害的人已经全然忘记，而他却会毕生背负于身。它如此沉痛地展示了生命的一种无奈——郑重其事地负荆，满以为从此可以解脱，却不料再也找不

到请罪的理由，沉重的负荆因而成为生命中不能承受的负担。

然而，忏悔了的大哥还是幸运的，他毕竟能够有机会亲口对受他伤害的人说一声"对不起"，尽管遗忘已经永远阻挡了对面的回声。

假如当初受伤的人永远不在了呢？

段莉莉年轻丰盈的生命已经永远定格在很多年前那个落雪的黄昏。莫名其妙的腿疼，一串拗口的医学名词，就此宣判了一条年轻生命的死刑。那时我正和她一起读研，去医院看望时，她已经昏迷，从此再也没有醒来。那是我平生第一次近距离观望死亡，无奈地看到生命的花朵在瞬间凋落。

仅仅只是一句话而已。但也许终此一生，若萍都将背负沉重的遗憾，在平凡的日子里时时体会到尖锐的刺痛。

在人生的长路上，越往前走，我们越感觉到沉重。肩上的背篓里装载的很多东西都是沉重而无意义的，比如悔恨，比如伤害，比如亏欠。当时以为解气了，胜利了，轻松了，没想到它们会随着光阴越来越重，成为心的"结石"。使我们的心痛楚的往往是来自它们的重量。其实想想当初，我们根本就可以不必背上的。

如何做到不去伤害一个人，在漫长的日子里如何化解因为伤害而造成的内疚，这真是我们一生的课题。

（佚名）

也许生活并没有痛苦

许生活原也本就没有痛苦。人比动物多的只是计较得失的智慧以及感受痛苦的智慧。

法国纪录片《微观世界》中有这样一个场景：一只屎壳郎推着一个粪

球，在并不平坦的山路上奔走着，路上有许许多多的沙砾和土块，然而，它推的速度并不慢。

在路正前方的不远处，一根植物的刺直挺挺地斜长在路面上，根部粗大，顶端尖锐，格外显眼。也许是冥冥之中的安排，屎壳郎偏偏奔这个方向来了，它推的那个粪球一下子扎在了这根"巨刺"上。

然而，屎壳郎似乎并没有发现自己已经陷入困境。它正着推了一会儿，不见动静。它又倒着往前顶，还是不见效。它还推走了周边的土块，试图从侧边使劲——该想的办法它都想到了。但粪球依旧深深地扎在那根刺上，没有任何出来的迹象。

我不禁为它的锲而不舍好笑，因为对于这样一只卑小而智力低微的动物来说，实在是不会解决好这么大的一个"难题"的。就在我暗自嘲笑它，并等着看它失败之后如何沮丧离去时，它突然绕到了粪球的另一面，只轻轻一顶，"咕噜"一声，顽固的粪球便从那根刺上"脱身"出来。

它赢了。

没有胜利之后的欢呼，也没有冲出困境后的长吁短叹。赢了之后的屎壳郎，就像刚才什么也没有发生过一样，它几乎没有做任何的停留，就推着粪球急匆匆地向前去了。只留下我这样的观众，在这个场景面前痴痴发呆。

也许在生活的道路上，它已经习惯了这样的场景；也许它活着，根本不需要像人一样，需要许许多多的"智慧"，也许在它的生命概念中，根本就不懂得输赢。推得过去，是生活；推不过去，也是一样地生活。

由此想来，也许生活原本就没有痛苦。人比动物多的只是计较得失的智慧以及感受痛苦的智慧。

（马德）

第五辑　将思想指向光明处

当一个人改变他对事物的看法时，事物和其他人对他来说就会发生改变。如果一个人把他的思想指向光明，就会很吃惊的发现，他的生活在变的光明。思想对人的禁锢超过监狱，人往往是自我设限，用一个虚构的笼子罩住了自己，需要自己跳出笼子或者别人打破笼子自己才能够出来。

生命的质量决定于每天的心境，通过改变态度可以使得自己经常处于良好的心境状态。生命是别人的，过程是自己的。生命是一种过程而不是结果，学会享受过程，精彩每一天。

心动后还要行动

行动永远比空想有用得多，就算是一次失败的行动，也会给你带来更多的梦想和无尽的启发。

两个9岁的男孩——罗伯特和麦克想赚钱，但想来想去，觉得社会上的确没有什么工作可以提供给像他们这样大的孩子。

经过苦思冥想，他们自以为找到了"最好"、"最快"、"最可靠"的赚钱方法。

在接下来的几星期里，罗伯特和迈克跑遍了邻近各家，敲开他们的门，问他们是否愿意把用过的牙膏皮攒下来给他们。迷惑不解的大人们微笑着答应了。有的问他们要它做什么，对此，他们回答道："这是商业秘密。"

几星期以后，他们已经攒了足够多的牙膏皮，他们决定把这些牙膏皮"变"成钱。

两个9岁的男孩在公路边合力"安装"了一条生产线，还要求罗伯特的爸爸来参观。

罗伯特的爸爸小心地走过来。他看见一个铜壶架在炭上，里面的废牙膏皮正在熔化（在那个时候，牙膏皮还不是塑料做的，而是铅制的）。当铅皮到达熔点时，罗伯特和迈克就非常小心地把溶液从牛奶盒顶的小孔中小心地注入到牛奶盒中。

最后，当溶液全部倒入石灰模后，罗伯特放下铜壶，向他爸爸绽开了笑脸。

他爸爸带着谨慎的微笑问道："你们在干什么？"

罗伯特说："我们正在'弄'钱，我们就要变成富人了！"

迈克咧嘴笑着点头补充道："是的，我们是合伙人。"

他爸爸有些好奇地问："这些灰模子里面是什么东西？"

罗伯特说："看，这是已经铸好的一炉。"说着，他用一个小锤子敲开了密封物，并把管子分成两半，他小心地抽掉灰模的上半部，一个铅制的五分硬币便掉了下来。

"噢，天啊，"他爸爸惊叫了起来，用手摸着额头："你们在用铅造硬币！"

迈克说："对啊，我们在自己挣钱呐。"

在一堆火和一堆废牙膏皮旁，两个白灰满面的小男孩正在开心地笑着。

罗伯特的爸爸微笑着摇着头。他要孩子们放下手里的东西，和他坐到屋外的台阶上，然后，他微笑着和蔼地向他们解释了"伪造"一词的含义。

孩子们的梦想破灭了！"你的意思是说这么做是违法的？"迈克用颤抖的声音问。

失望之中，罗伯特和迈克在沉默中坐了20分钟才开始收拾残局。罗伯特望着迈克沮丧地说："我们只能当穷人了。"

如果一个人在心动之后能行动，那他就是成功的。即使行动失败你也从中学到很多宝贵的经验教训。

（佚名）

把生活当成艺术

把生活当成艺术，用一颗艺术的心灵去对待生活，善于采撷生活中点点滴滴的情趣，生活会把美好的一面回馈给你。

有一次，英国游客杰克到美国观光，导游说西雅图有个很特殊的鱼市场，在那里买鱼是一种享受。和杰克同行的朋友听了，都觉得好奇。

那天，天气不是很好，但杰克发现市场并非鱼腥味刺鼻，迎面而来的是鱼贩们欢快的笑声。他们面带笑容，像合作无间的棒球队员，让冰冻的鱼像棒球一样，在空中飞来飞去，大家互相唱和："啊，5 条鳍鱼飞往明尼苏达去了。""8 只蜂蟹飞到堪萨斯。"这是多么和谐的生活，充满乐趣和欢笑。

杰克问当地的鱼贩："你们在这种环境下工作，为什么会保持愉快的心情呢?"

鱼贩说，事实上，几年前的这个鱼市场本来也是一个没有生气的地方，大家整天抱怨，后来，大家认为与其每天抱怨沉重的工作，不如改变工作的品质。于是，他们不再抱怨生活的本身，而是把卖鱼当成一种艺术。再后来，一个创意接着一个创意，一串笑声接着另一串笑声，他们成为鱼市场中的奇迹。

女作家玛利·韦伯说:"不论你爱好什么都可以，但是，你总得有所爱好。"因为你有所爱好，精神才会有所寄托，心灵才有所附着。至于这一位女作家自己，她本身所爱好的有两样:一是大自然，一是文学。她那并不宽敞的园圃内，四季开满了可爱的花卉，她晨昏守望在花园里，内心充满了不可言喻的喜乐。她为了使人分享到她园中的芳馨，同时，更为了以极诗意的工作来减轻丈夫生活的重负，她常是黎明即起，将一些带露的花朵剪了下来。放置在挑筐里，背负到城中去叫卖，往往在午前才能回到家中。有时她中途遇雨，回来时满头满身都湿淋淋的，但她并不以为意，一边用帕子拭着她头上额间的雨水同汗珠，一边笑着对她的家人说:"我已经完成了一件美的工作了!"

然后，她走到她的书桌边，展开纸，拿起笔，才写了没有几行，看看天已将午，她便又匆匆地赶到厨房，将面粉调好，做成饼子，放在火上焙烤着，随即，擦擦手上的面粉，又拿起她的笔来。当她文思潮涌，写得正起劲的时候，一阵阵的焦味就自厨房的锅子里飘了进来。她望着身边的丈夫，带着几分歉意地笑笑，赶紧跑到炉边。她的丈夫对她也极能体贴，饼子即使烤焦了，他也仍然觉得好吃，因为他深深地了解他那个年轻的妻子，知道她爱自然，爱文学，同时，更爱他，为了她这种种的"爱"，做丈夫的便轻轻地原谅了她——那个可爱的妻子兼愚笨的厨娘。

玛利·韦伯在那样艰苦的环境下，却能生活得那样快乐，那完全是由于她的精神有所寄托。所以，她穷困到步行数十里到城中去卖花时，她繁忙到写几行文稿就要到厨房里去翻看面饼时，她的内心仍不怨不尤，她只说:"我已经完成了一件美的工作!"她只向她的丈夫发出带歉意的甜美的笑容。

她懂得生活，了解生活的艺术，倾心于美的、崇高的、有意义的事物与工作，最后，她的生活的本身就变成了艺术！破陋的屋子、粗劣的饮食，有什么关系呢？不合时的旧衣裳、繁累的苦作，又有什么关系呢？什么能阻拦住一颗纯真、纯朴而快乐的心灵，向往那最崇高的美的境界，如同云游鸟逍遥地飞向高空。

（佚名）

礼　物

人有了成就会很孤独。

我伸展着双腿坐在起居室的桌前，随手拿起一封信看起来，这是一封来自玛递尔百货商店的信，信中说：我们欠他们 175 元钱。我愣住了，这肯定是误会了，因为我和詹妮特从来没有花过这样一笔钱，因为我们两人已合计好，存钱付买房的首批付款。我又端详了一下账单，走进卧室，看见妻子詹妮特正蜷缩在床上津津有味地看一份杂志，我对她说："玛递尔百货商店给我们寄来了一份 175 元的欠账单，肯定是搞错了，会不会是 17.5 元呢？"妻子没有回答，她只是慢慢地把杂志放到脑前，平静地说："这件事我想暂时先不要管它好吗？"

我突然意识到了：妻子可能花了这些钱。我两眼紧紧地盯着她，好像从这时开始，我才认识她。妻子微笑地对我说："我到时去支付这些钱不就得了。""不，我想知道的是，你究竟用这些钱买了些什么东西，我并没有看到家中添置什么新东西啊！"妻子垂下眼睑，低声说："巴尼，这是我自己想买的东西，我不想告诉你。"我听到这更加迷惑不安了。这笔钱的花销，意味着我们将要推迟一个月买房子，更糟的是：我能够再信任她吗？她为什么要这样对待我呢？我厉声对她说："你不要兜圈子了！我想知道你究竟花钱干了些什么，我有权知道。”

妻子轻轻地碰了碰我的胳膊温和地说："不要生气，好吗？你最近很辛苦，但是你的情绪似乎太激动了，这样很不好。"听到这些话，我更生气了，但是妻子也开始变得尖锐起来，她对我说："我同你结婚，并不意味着我失去拥有私人秘密的权利。"忽然，我想起来一件事，肯定是那条该死的貂皮围脖引起的。卡洛尔在两个月前曾买了一条貂皮围脖，妻子看了满眼羡慕之情。就在玛递尔百货商店，一个星期六的下午，她那欣赏貂皮围脖的情形又一幕幕地浮现在眼前……

我对妻子说："你耍了一个小把戏吧！我知道你买了什么，我真想用诅咒的方式来阻止你的行为。你是一个挥霍者，还以为我是一个大傻瓜呢！"妻子对我说的这番话感到气愤，她立即跳下床，喊道："难道在你的想象中我就是这么一个人吗？"看到她那气呼呼的样子，我顿时溢出了一点莫名的满足感。妻子对我的积怨像洪水迸发一股脑地向我涌来："你知道爱情是什么吗？我想，你还得花很长时间去寻找它吧？我现在就去我母亲那里，请你不要用电话来干扰我，我再也不想看到你了。"这时，我才发觉，问题开始变得严重起来了，但我没有向她让步，我想她应该知道我为什么会对她生这么大的气，我可不是那种可以让人任意摆布的人。

第二天早晨，在办公室里，我埋头工作，没有与人攀谈，也没有一个人注意到我的情绪。当用完午餐返回办公室时，碰见了比尔？

汉姆瑞,他向我展示了一套新的高尔夫球的用品，于是，我有了一个想法，如果我也买了一套最钟爱的高尔夫球用品，那么不是和妻子的矛盾就扯平了吗？

这天下午，我去了高尔夫球俱乐部，并把用品拿回了家。我在家里地板上挥杆击球，一个球骨碌碌地从起居室滚动到卧室，钻进了妻子半开的壁柜中。这壁柜很大，里面很黑，妻子的很多衣物还挂在这里。我弯腰在里面摸索着找球，手上忽然碰到一个硬东西，原来这是一个大盒子，里面竟然放着一套漂亮的高尔夫球用品，比我见的那些都要好，从盒上的标牌上可以看出，这些全部购自玛递尔百货商店。忽然，我记起来一件事，我们的结婚纪念日将在这个星期二，细想起来，我竟没有能为妻子买点什么礼物，妻子想用她的爱心给我一个惊喜，然而，我却是多么的愚蠢可笑啊！

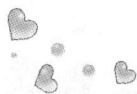

我想，我有一件事情必须立即去做，那就是：明天立即买一条漂亮的貂皮围巾，悄悄地把它放在我的壁柜里。

（佚名）

盛满爱心的午餐盒

"着手吧，"一个声音在悄悄地催促我，"现在还为时不晚。"

60 年代初，我和丈夫成了两个女孩的父母。两个孩子温和、文静，年龄相差两岁。我投入了大量时间、精力和热情，当然还有耐心，担当起一个信心十足、和蔼可亲的母亲角色。

当两个女孩将近 8 岁和 6 岁时，我们又有了一对双胞胎儿子。这两个小家伙活泼好动，整天吵吵闹闹，顽皮任性。我的大女儿朱莉娅，成了我忠实的帮手。她帮我折叠大堆的尿布，带两个弟弟玩，还在我做饭时给他们讲故事。我尽可以放心地去依靠她，但或许我太难为她了。

我和两个女儿过去常常在垂柳下悠闲、愉快地喝茶、嬉闹，享受着无忧无虑的美好时光。但这一切突然一去不复返了。温柔的慈母慢慢变成了一个疲惫不堪、管束严厉的妇女。有时候因为过分劳累，我唯有无声地哭泣。每当朱莉娅看到我这样，便更加尽力帮助我。她从没抱怨过一句。

直到朱莉娅长大结婚以后，我才知道她曾受到的伤害。一天，她笑着问我："妈妈，还记得给我准备的带到学校的午餐吗？那时候，我的所有同学都用漂亮精致的午餐盒装着午餐，我好想能有一个同他们一样的午餐盒呀。你知道和他们在一块吃饭时有多尴尬吗？那些色彩斑斓的午餐盒，里面塞满了他们的妈妈为他们准备的好吃食物。"

我身子朝前挪了一挪，我们的脸慢慢靠近，我目不转睛地盯着女儿。朱莉娅好像又变成了孩子，侃侃而谈："珍妮的午餐一直是最棒的。她那精巧的三明治常常切成两半，有时则切成三角形、圆形，然后装进小塑料袋中。她还有洗得干干净净的胡萝卜！过节日时她能得到一块叠得平平整整的餐巾。她妈妈把小甜饼做成'心'型，并写上她的名字。"

"天冷的时候，克莱尔的保温瓶里就会有热汤或热可可茶。另外，同学们的妈妈还把一些纸条塞在自己孩子的午餐盒里……"

我听得入了迷，朱莉娅在继续往下讲：

"妈妈，有时候，你把几根没有洗也没有削皮的胡萝卜扔进一个大硬纸袋，在两块硬面包上涂上花生酱，再扔过来一只发蔫的苹果和一块已经弄碎了的小饼子。我得花很多时间去卷叠那个硬纸袋，想方设法让它的体积变小点。"

"为什么你从来没告诉过我呢？"我问道，内心充满了懊悔。

她真诚地大笑起来，顷刻又变成了一个大人："你当时太忙了。我看见你为了抚养我和几个弟妹是怎样拼死累活的，只是你完全顾不过来。我知道你一直很辛苦。不管怎么说，我和詹妮弗都有漂亮的衣服和与之相配的发带。还有在学校放学晚了或我们还不能乘公共汽车时，你就去接我们。记得你替我们买的雨衣和雨伞吗？"她在努力让我的感觉好一些。这么多年过去了，她还处处为我着想。

我不想中断刚才的话题："午餐铃响起来的时候，你有什么样的感受？"

"呃……我害怕吃午饭。我把午餐袋藏在行李寄放处的杂物下面，总是希望……"她的神情突然活跃起来，"有一次，我发现袋子底下有一张纸片，我还以为是你写的纸条呢，仔细一看，原来是张食品标签。"

"我从不知道你想要一个午餐盒。"我轻声说道，心中充满了内疚。

好几年过去了，我时时想到朱莉娅多年渴望得到的那个午餐盒。我仿佛看到她拿着一个几乎同她身体一样大的硬纸袋，独自一人坐在餐室的一角，而她的同学却在一边吃着可口的三明治，一边读着他们的妈妈写的充满爱意的小纸条。

去年9月，朱莉娅的两个女儿在幼儿园上二年级了。她在相距5个州之遥的地方给我打电话，告诉我，她们刚刚上了校车，那在是学校开学的

第一天。

"妈妈，她们俩都带了她们自己的午餐盒。吉米的是粉红色的，凯蒂的是黄色的。你知道凯蒂她多喜欢黄色。我昨晚就把她们的午饭准备好了。"她的兴奋之情从电话那端不断传来，弥漫了我的厨房和心房。"三角形的三明治，妈妈，切得整整齐齐的，还有巧克力、葡萄、奶酪、自家做的小甜饼，熟鸡腿……每样东西都分别装在易开式袋子里。"

"朱莉娅，朱莉娅！"我简直是对着话筒叫了起来，"记住放纸条了吗？"

"放了，哦，放了！"她答道。

一天，我在起劲地清扫车库。朱莉娅的父亲几年前去世了，后来我再婚了，来到了千里之外的丈夫的农场，所以车库里的一切对我来说都是陌生的。我把手伸到一个纸板箱的里面，摸到了一件东西。一个锡皮午餐盒！盒子的前面画着一只老虎，正大嚼大咽着麦片，还开心地发出嗥嗥叫声："棒极了！"这只午餐盒很有些年头了，可能是 60 年代留下的。我盘腿坐在车库的地板上，把午餐盒轻轻地抱在膝上，好像它是天外飞来之物，特地送给我的。

我的上帝，真有可能给我第二次机会吗？

"着手吧，"一个声音在悄悄地催促我，"现在还为时不晚。"

我把午餐盒拿到厨房，在水池里洗了起来，就好像在洗水晶玻璃一样的小心。我的想象开始涌动，随之扩展，就像一只熟睡的小猫开始慢慢醒来。对已长大成人、生活在千里之外的女儿，母亲该给她的午餐盒里装些什么呢？棒棒糖，口香糖，还有一小把葡萄干。

想起来了，朱莉娅特别喜欢年代久远的和有情趣的玩意儿，我于是把好几个有近 90 年历史的纸娃娃放进了一个易开式袋中。一条古式的花边手绢，一条非常古老的手绣茶巾，小小的空间装进了我对女儿的爱。我还将一把古雅的、镶有宝石的梳子，一册本世纪初出版的关于友谊的小册子装了进去。在书上，我写上这样的话："朱莉娅，就把它当成一根洗净削好的胡萝卜，全吃完吧。"

在一个很小的缎质包里，我放进了一根古老的针，那是一个朋友数年前送给我的。朱莉娅喜爱的几小包化妆品和美发用品也放进了午餐盒。直到什么也装不下时，我才小心地将一块折叠好的餐巾盖在上面——餐巾上是一只棕色的大火鸡和一些金黄色的树叶，上面还写着"感恩节快乐"，当然啦，在盒子的最底下我藏了一张纸条，上面用红色大写字母写着："我爱你，朱莉娅，我的宝贝，祝你愉快！——妈妈。"

我带上精心捆扎好的包裹，驱车前往邮局，我开心地劝说自己：不要在意午餐盒迟到了20年，不要在意朱莉娅已经快30岁了，毕竟她最后还是有了一个午餐盒！求求你，上帝，不要让它太晚了，我心中默默地祈祷着。

3天后，电话铃响了。开始我没有听出对方的声音。那人在电话里又是叫，又是喊，又是笑。"妈妈，我从没有意识到，我还是7岁，这真是太激动了，我差点喘不过气来，当我打开午餐盒的时候，我仿佛正坐在长条桌前，能闻到学校的气息，所有的同学都在看着我！"

"这么说来，那个午餐盒还不算太迟，是吗？"我用嘶哑的声音问道。

"太迟？噢，绝没有那回事……不过，在所有的东西中，我最喜欢的是你放在盒子底下的那张纸条。虽然我心中一直明白你是爱我的，但是，妈妈，我仍希望看到你写的纸条……"

（佚名）

将思想指向光明处

　　将思想指向光明处，你就会很吃惊地发现，你的生活变得光明了。

　　遇到挫折并不可怕，只要用积极的心态去面对，就一定能够走出不利的环境。

　　尤利乌斯是一个画家，而且是一个很不错的画家。他画快乐的世界，因为他自己就是一个快乐的人。不过没人买他的画，因此他想起来会有点伤感，但只是一会儿。

　　他的朋友们劝他："玩玩足球彩票吧！只花两马克便可赢很多钱！"

　　于是尤利乌斯花两马克买了一张彩票，并真的中了彩！他赚了50万马克。

　　他的朋友都对他说："你瞧！你多走运啊！现在你还经常画画吗？"

　　"我现在就只画支票上的数字！"尤利乌斯笑道。

　　尤利乌斯买了一幢别墅并对它进行了一番装饰。他很有品位，买了许多好东西：阿富汗地毯、维也纳柜橱、佛罗伦萨小桌、迈森瓷器，还有古老的威尼斯吊灯。

　　尤利乌斯很满足地坐下来，他点燃一支香烟静静地享受他的幸福。突然他感到好孤单，便想去看看朋友。他把烟往地上一扔，在原来那个石头做的画室里他经常这样做，然后他就出去了。

　　燃烧着的香烟躺在地上，躺在华丽的阿富汗地毯上……一个小时以后，别墅变成一片火的海洋，它完全烧没了。

　　朋友们很快就知道了这个消息，他们都来安慰尤利乌斯。

　　"尤利乌斯，真是不幸呀！"他们说。

"怎么不幸了？"他问。

"损失呀！尤利乌斯，你现在什么都没有了。"

"什么呀？不过是损失了两个马克。"

（佚名）

富裕的心

心灵的富有比物质的富有更让人感到知足和幸福。

我永远不会忘记 1946 年的复活节。那时，父亲已去世 5 年，只有 16 岁的达莲娜，14 岁的我和 12 岁的欧茜与母亲相依为命。尽管妈妈要供养 3 个正在上学的孩子，生活极简朴，但我们的小屋里每天都有歌声和笑声。

复活节的前一个月，教堂里的神父号召所有的教友都攒一点钱，好在复活节时捐给穷人。他说这是我们帮助那些同样身为天主的孩子却为现实生活所累的人们的一个实在的做法。一回到家，我们就热烈地讨论详细的攒钱计划。妈妈建议接下来的这个月，我们应该去买 50 磅土豆作为一个月的口粮，这样的话，我们就可以省下 20 美元。不过，她保证每天都为我们做出不同口味的土豆，比如煎土豆、烤土豆、土豆泥、土豆饼……哇！我的口水都流出来了。我们还想方设法节省其他开支，例如，尽量少开灯，甚至不听收音机。达莲娜提出她尽可能出去找一些帮助别人打扫房间和院子的活，而我和欧茜则可以帮人看孩子。后来我们甚至做起小买卖。妈妈花 15 美元买回一些线圈，我们将它们加工成壶柄拿到市场上去卖，竟然小赚了 20 美元。我们的生活在那个月变得忙忙碌碌。然而，每当大家围在一起，一分一厘数着辛辛苦苦攒下的钱时，所有的疲乏与奔波之苦就被巨大的成就感扫荡得一干二净。在寂静的夜里，坐在黑暗中，我们凝视天空中的星星，想象那是一张张舒心的笑脸，想象穷人接到捐款后的喜悦。

　　我们堂区共有 80 多个教友，如果每家都捐一点儿钱，那该能帮助多少穷人啊！每个周日，神父都会在弥撒中为穷人祈福，并提醒大家应该将天主的爱无私地与他们分享。

　　眼看复活节一天天近了。我们开始兴奋得睡不着觉。我们已攒下 70 美元，这是多么大的一笔数目啊！这个复活节，我们没有新衣服穿，可这又有什么呢？我们一心想着捐款的神圣时刻。

　　复活节那天早上，天主似乎有意考验我们，一场倾盆大雨企图将我们堵在室内。我们没有伞，但还是冲进大雨中奔跑了足有一公里赶到教堂。我们身上的衣服淋得透湿，但我们用塑料袋包起来的 70 美元却干干爽爽！

　　教堂里的孩子们开始小声议论，有的还拿手指着我们的旧衣服，咻咻地笑。这时妈妈走向我们并用她那温暖柔软的手牵住我和欧茜，望着她挺直的腰板和从容的微笑，我握紧了手里的 70 美元。那一时刻我感到自己真是无比富有！

　　募捐开始了，妈妈分给我们三个孩子每人一张 20 美元的钞票，然后自己拿着一张 10 美元的纸钞率先投入募捐盒。接着达莲娜、我和欧茜都郑重地投入了自己的一份。

　　回家的路上，我们高声唱着歌曲，雨后的天空天高云阔。我们的喜悦在午餐时达到了高峰。妈妈为我们准备了丰盛的复活节午餐——炸土豆和复活节煮鸡蛋。大吃一顿后，我们坐在屋里聊天，聊那些收到捐款的穷孩子也可以吃上鸡蛋，也可以上学，也可以和我们一样高声唱歌……

　　一阵敲门声打断了我们，妈妈走过去开门，原来是神父。神父笑着和我们打招呼："嗨，孩子们！看来你们的复活节过得不错呀！""是的，神父！"我们的心因为爱而异常欢快。神父在门口和妈妈说了一句话，并递给她一个信封，然后便离开了。妈妈走进屋时，我们纷纷猜测信封里是什么。然而，我发现妈妈的脸上掠过一丝难过的神情，她一句话没说，打开信封，一叠纸滑落在桌上。那是几张纸钞——3 张 20 美元，1 张 10 美元以及 17 张 1 美元！就在那一刻，我还没来得及问一句"为什么……"一句突如其来而又朦朦胧胧的"穷人"已跃入我的脑海！这句话一出现就在我脑子里跳个没完，如利刃般刮着我的神经！

　　一直以来，我都为"穷人"难过，因为他们没有我这样的妈妈，这样的弟兄姐妹，不像我们整天有说有笑。虽然我们家没有全套的银餐具，吃饭时妈妈把仅有的几只银刀叉奖给每天最乖的孩子,但我们却视为一种极大的乐趣。虽然我们都知道没有鲍勃家的银烛台,没有玛丽家的留声机,但我们从来没意识到自己属于穷人的行列!可在那个复活节,我知道了我们是穷人,因为神父为我们送来了给穷人捐的钱。在他的眼里,也许在很多人的眼里,我们一直就是穷人!我这才意识到我身上破旧的衣服和鞋,我的小屋子,所有目之所及都告诉我一个残酷的事实:我们是穷人!我们心里生出一种从未有过的羞辱感,想起今天在教堂里那么多人对我们指指点点,我决定再也不去教堂了。

对了,还有学校!虽然在九年级 100 多名学生中,我的成绩数一数二,但现在我怀疑所有那些同学看我的眼光中,怜悯和同情占了多数,我恨不得立即退学,反正我完成了法定的八年义务教育。

接下来的一整星期,我们默默地上学、放学,想尽办法从同学们眼中消失,彼此也不愿交谈。终于熬到了周六,妈妈郑重地询问我们该如何处置那笔钱。看着那个刺眼的信封,我们茫然无措。穷人该怎么花钱?我们不曾知道,因为我们从未认为自己是穷人。然而,无论如何,我们是不愿去周日的弥撒了,但妈妈坚持要去。

我们故意在教堂后面一个角落坐下,所有的程序此时都显得漫长而难挨。最后,牧师讲话,他提到在非洲有一些贫困却虔诚的教友顶着烈日盖教堂,却因资金短缺,教堂的顶部迟迟不能完工。他说,只要 100 美元我们就可以帮助他们盖一个漂亮的教堂顶了。

突然,一只手搭在我的肩膀上,我看见达莲娜冲我微笑着,递给我那个装着 87 美元的信封,妈妈也在一旁鼓励地看着我。我突然明白了什么,接过信封,牵着欧西一起走向圣坛。欧西将信封投进了募捐盒。

募捐结束后,牧师清理了所有的募捐,最后他兴奋地宣布,捐款超过了 100 美元。他说没有料到在我们这个小教堂能一下子筹到这么一大笔捐款,他肯定在座的人中一定有富人。

我们就是牧师所说的“富人”了?我们就是他所说的“富人”!那一瞬我的心快跳出了嗓子眼儿——牧师承认我们并不贫穷!

从那天开始,我知道我们都有一颗富裕的心。

(佚名)

攀比使人生的天平倾斜

让攀比的心多一些个性，给燥热的心多一点清凉，使急于求成的心多一些冷静、成就大事的决心和旷日持久的恒心。

我们已经习惯在比较的差距上感受人生的意义，体会幸福与悲伤。但是，攀比的结果是使人生的天平倾斜。

在朋友聚会中，"在哪里发财"、"一月能赚多少钱"、"房子有多大"成了人们拉家常的主要内容。然而，这些原本很普通的问话，对于一些人来说却可能是被点到"痛处"了，甚至由此引发了他们的心理疾病。

小陈和小丽刚刚结婚，两个人如胶似漆，好得不得了。然而，最近一段时间，小丽却表现得郁郁寡欢。而且每当小陈下班去小丽单位接她时，她不再像以前那样高高兴兴地坐上车，搂着小陈的脖子问他想不想她。现在，小陈发现，下班后小丽总是要等其他同事差不多都走完了才不紧不慢地出来。小陈为此忍不住数落了小丽几句，没想到小丽委屈地说："你以后不要把奥拓车开到公司门口来了，那边有个巷子，你就停那儿，我保证一下班就过来！"小丽还说，"最近在公司里自己老公开什么车成了办公室的热门话题，王姐平时在办公室不显山不露水，这段时间可找到感觉了，打'嘴仗'谁都打不过她。没办法，她老公开的是宝马，车牌号又带几个8，在公司门口一摆，就让人羡慕得不得了！像帕萨特、本田也风光得很，还有波罗车又乖又洋气，普桑也还勉强看得过去，就怕你这样开小奥拓的，让我在同事中间一点面子都没有。"

小丽羡慕别人的车子有多么漂亮，就在老公面前抱怨，这样又有什么好处呢？人不可能每样都比别人强，所谓"人外有人，天外有天"，羡慕别人等于在一定程度上贬低自己，为什么不默默赶上？再怎么羡慕，自己的奥拓也变不成别人的宝马呀！综合起来，攀比者的表现不外乎以下几种：做事情三心二意、朝三暮四、浅尝辄止；或是东一榔头西一棒槌，既要鱼也要熊掌；或是这山望着那山高，静不下心来，耐不住寂寞，稍不如意就轻易放弃，从来不肯为一件事倾尽全力。

其实，立志成就伟业的人应拒绝攀比，拒绝急于求成。让攀比的心多一些个性，给燥热的心多一点清凉，使急于求成的心多一些冷静、成就大事的决心和旷日持久的恒心。

（佚名）

生命需要赞美

每一个生命都值得赞美，因为赞美可以创造奇迹。

有些人看起来很愚钝，很不起眼，但我们不要忘记，凡是有生命的东西都应该得到赞美。在赞美他人的同时，你一样会得到快乐。

艾迪是个性格孤僻，不求上进，不讨人喜欢的小男孩。他总是穿着脏兮兮、皱巴巴的衣服，头发从来都不梳理，一张脸上毫无表情，两只眼睛也像玻璃球似的，呆滞无光。他的眼神总也不能集中。上课的时候总是分神。每次当他的老师珍妮小姐和他说话时，他总是用最简单的两个词"是"或者"不是"来回答。

虽然，老师们常说他们对待自己的每一个学生都是一视同仁，都给予了相同的爱。但是，就连珍妮小姐都觉得艾迪是个不讨人喜欢的小男孩，而对他缺少关心。

圣诞节的时候，珍妮小姐收到了许多礼物，其中就有艾迪送的，那是一个用褐色印着花纹的包装纸包起来的盒子。盒子外面的缎带上写着："送给珍妮小姐"。

当珍妮小姐打开盒子的时候，有两件东西从里面掉了出来，那是一对普通的手镯，另外一件是瓶廉价的香水。

其他同学见状，不禁议论纷纷，他们嘲笑艾迪送如此可笑的礼物给美丽的珍妮小姐，但是，珍妮小姐马上戴上了这对手镯，并洒了一些香水在手腕上。然后，她伸出手臂让学生们闻了闻，并问："怎么样？这香水是不是很好闻，很香啊？"

刚才的嘲笑声没有了。这时珍妮小姐注意到，艾迪脸上露出一丝难得一见的微笑。

那天放学以后，大家都走了，只剩下艾迪。他缓慢地走到珍妮小姐身旁，轻声说："珍妮小姐，我妈妈的手镯戴在您的手上真的很漂亮。我很高兴您能喜欢我送的礼物。"

看着艾迪渐渐走远的背影，珍妮小姐感到眼眶忽然有些湿润了，她为自己以前对艾迪的做法感到非常内疚。

圣诞节之后的珍妮小姐简直就像是换了一个人，像一个美丽的天使。她帮助所有的孩子，特别是那些愚钝的学生，尤其是艾迪。

终于，在那一学期结束的时候，艾迪的学习成绩赶上了大多数同学，甚至还超过了一些人。

是的，生命以其独特的方式存在于世间，以其独一无二的本色让世界变得丰富多彩，因此每一个生命都是需要赞美的，就像花儿需要露水那样，它只会让世界变得更加美丽。

（佚名）

选择在我

"若是遇上那种情况，你人都死了，还有什么好担心的？

年轻的杰克正逢兵役年龄，抽签的结果，正好抽中下下签，最艰苦的兵种——海军陆战队。

杰克为此整日忧心忡忡，几乎已到了茶不思、饭不想的地步。深具智慧的祖父奥克托见到自己的孙子这副模样，便寻思要好好地教导他。

老奥克托："孩子啊，没什么好担心的。当了海军陆战队，到部队中，还有两个机会，一个是内勤职务，另一个是外勤职务。如果你分配到内勤单位，也就没有什么好担心的了！"

杰克问道："那，若是被分发到外勤单位呢？"

老奥克托："那还有两个机会，一个是留在本土，另一个是分配外土，如果你分配在本土，也不用担心啦！"

杰克人又问："那，若是分配到外土呢？"

老奥克托："那还是有两个机会，一个是后方，另一个是分配到最前线。如果你留在后方，也是很轻松的！"

杰克再问："那，若是分配到最前线呢？"

老奥克托："那还是有两个机会，一个是站岗卫兵，平安退伍；另一个是会遇上意外事故。如果你能平安退伍，又有什么好怕的！"

杰克问："那，若是遇上意外事故呢？"

老奥克托："那还是有两个机会，一个是受轻伤，可能送回本土；另一个是受了重伤，可能不治。如果你受了轻伤，送回本土，也就不用担心啦！"

杰克颤声问"那……若是遇上后者呢？"这也是他最恐惧的。

老奥克托大笑："若是遇上那种情况，你人都死了，还有什么好担心的？倒是我担心那种白发人送黑发人的痛苦场面，那可不是好玩的喔！"

（佚名）

一念之差

她一改往日的消沉，积极地面对人生。

一个叫塞尔玛的美国年轻女人随丈夫到沙漠腹地参加军事演习。塞尔玛孤零零一个人留守在一间集装箱一样的铁皮小屋里，炎热难耐，周围只有墨西哥人与印第安人。因为他们不懂英语，也无法进行交流。她寂寞无助，烦躁不安，于是写信给她的父母，想离开这鬼地方。

父亲的回信只写了一行字："两个人同时从牢房的铁窗口望出去，一个人看到泥土，一个人看到了繁星。"塞尔玛开始没有读懂其中含义，反复几遍后，才感到无比的惭愧，决定留下来在沙漠中去寻找自己的"繁星"。

她一改往日的消沉，积极地面对人生。她与当地人广交朋友，学习他们的语言。她付出了热情，人们也回报了她热情。她非常喜爱当地的陶器与纺织品，于是人们便将舍不得卖给游客的陶器、纺织品送给她作礼物。塞尔玛很受感动。她的求知欲望与日俱增。她十分投入地研究了让人痴迷的仙人掌和许多沙漠植物的生长情况，还掌握了有关土拨鼠的生活习性，观赏沙漠的日出日落，并饶有兴致地寻找海螺壳……她为自己的新发现而激动不已。她于是拿起了笔，一本名为《快乐的城堡》的书两年后出版了。

（佚名）

感　动

　　也许我们难免会为一次愚蠢的感动而追悔，但是在每一回真正的感动中我们得到的更多。

　　在人生的栈道上，我们都是赶路人。

　　这是一个有情的世界，我们每一个人都活在别人的善意里。于是，我们常常感动，常常流泪，为那一份徐徐升腾的爱意。

　　假期旅行，上了火车才发现要与独夫同行两天三夜。听说过许多关于他的传闻，尽是些冷漠怪癖事，也许就是因为太落落寡合，他才得了"独夫"的绰号。

　　坐着打了两宿的牌没合眼，到了第三个晚上终于挺不住了，蜷缩在座位上不多时就什么都不管不问了。

　　沉沉一觉，隐隐觉出有东西在眼前晃，才睁眼，却见独夫正伸着手在我的头前护防着过道上人来人往的磕碰。见他站着，才骤然发觉自己早已横倒着占了他的座位。难道他竟是这么站了一宿？而他却一直是发着烧的呀！

　　慌忙起身致歉，却见他安然的笑容："我下了车到家就能睡，你这可是才开始。"

　　哪里有一点的冷漠？顿时心中涌上缕缕的温柔：纵是他真的如传闻中那般不可理喻，而我也宁愿更长久地沉浸在这一刻的感动里。感动真好！

　　既然能有这样一种感动，又何苦让种种块垒梗在心头？

　　有一次邀朋友小聚，没想到还来了一位素有嫌隙的，怯怯地跟进来，在我的惊怔下掩不住地局促。来的都是客，自然不能拒之门外。

　　努力地不要冷落他，却克服不了不联络的生疏，自然话不太多，只能在

饭桌上劝他多吃多喝些。

相隔着给他布莱的时候，瞥见了他眼中的感动，竟蓦地被感动，满怀里也尽是感动了。

也许感动还是一种宽容，怡人清香又沁己心脾。也许我们难免会为一次愚蠢的感动而追悔，但是在每一回真正的感动中我们得到的更多。

（佚名）

老人与树叶

沉湎于过去的苦难，对未来的生活一种难以超越的折磨。

有一位老人一生相当坎坷，多种不幸都降临到他的头上，可谓饱经风霜：年轻时由于战乱几乎失去了所有的亲人，一条腿也丢在空袭中；"文革"中，妻子经受不了无休止的折磨，最终和他划清界限，离他而去；不久，和他相依为命的儿子又丧生于车祸。

可是在人们的印象之中，老人总是矍铄爽朗而又随和。

终于，有人忍不住提出了心中的疑问：

"你经受了那么多苦难和不幸，可是为什么看不出你有伤怀呢？"

老人半响无言，然后，将一片树叶举到眼前："你瞧，它像什么？"

这是一片黄中透绿的叶子。这时候正是深秋。

"它是一片叶子啊，有什么不对吗？"

"你能说它不像一颗心吗？或者说就是一颗心？"

仔细看后发现，确实是十分像心脏的形状。

"再看看它上面都有些什么？"

老人将树叶更近地向那凑凑。我清楚地看到，那上面有许多大小不等的

孔洞，就像天空里的星月一样。

老人收回树叶，放到手掌中，用那厚重而舒缓的声音说："它在春风中绽出，阳光中长大。从冰雪消融到寒冷的秋末，它走过了自己的一生。这期间，它经受了虫咬石击，以致千疮百孔，可是它并没有凋零。它之所以享尽天年，完全是因为对阳光、泥土、雨露充满了热爱，对自己的生命充满了热爱，相比之下，那些打击又算得了什么呢？"

（佚名）

永远看得起自己

人生如航船，必须渡过逆流才能走向更高的层次，最重要的是永远看得起自己。

有一天，某个农夫的一头驴子不小心掉进一口枯井里，农夫绞尽脑汁想办法救驴子，但几个小时过去了，驴子还在井里痛苦地哀嚎着。

最后，这位农夫决定放弃，他想这头驴子年纪大了，不值得大费周章去把它救出来，不过无论如何，这口井还是得填起来。于是，农夫便请来左邻右舍帮忙一起将井中的驴子埋了，以免除它的痛苦。

农夫的邻居们人手一把铲子，开始将泥土铲进枯井中。当这头驴子了解到自己的处境时，刚开始哭得很凄惨。但出人意料的是，一会儿之后这头驴子就安静下来了。农夫好奇地探头往井底一看，出现在眼前的景象令他大吃一惊：当铲进井里的泥土落在驴子的背部时，驴子的反应令人称奇——它将泥土抖落在一旁，然后站到铲进的泥土堆上面！

就这样，驴子将大家铲到它身上的泥土全都抖落在井底，然后再站上

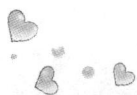

去。很快地，这只驴子便得意地上升到井口，然后在众人惊讶的表情中快步地跑开了！

（佚名）

把恐惧画下来

让人恐惧的往往是那些自己无法掌控的外界干扰，逃避不是办法，其实最需要的是正面的勇气。

到现在我还记得那场突如其来的暴雨。

那是我做单亲妈妈后带着儿子单独生活的第一个雨季。为了节省开销，我们租住在城郊的一幢小木楼上，房间光线十分幽暗。一天傍晚，天空忽然黑了下来，乌云涌动，闪电伴着雷声，就像在我们头顶上划过，小房间顿时就像一个黑暗的深井，装满天生对雷的恐惧。我双手紧紧地护在头顶，要是以往，我就会偎依在他的胸口，鸵鸟一样将头埋在他坚强的臂膀下。但现在我无所依附，更要命的是，我看见儿子彬彬的眼睛里也满是恐惧，他从自己的房间里走到我的身边，脚步甚至都有些僵硬。

乌云、闪电、响雷、箭似的雨，我一低头，抱住儿子，眼泪不争气地流了下来。

这时，我的儿子，才7岁的彬彬，却用小手在我脸上擦拭着，他说："妈咪，不怕，你教我画闪电，老师说，你把害怕的东西画下来就不害怕了。"看着儿子的眼光，我心里一热，赶紧找来笔和纸，来到了窗前。

儿子小大人一样，先在纸上画了一条锯齿状的线，然后对我说，"妈咪，你画。"

我拿起笔，画了一条闪电带。

"很棒！"儿子模仿着老师的口气说。

接下来，我们在纸上画了一条又一条弯弯曲曲的线，一条比一条粗，一条比一条大，当我们把恐慌都倾泻到纸上时，我发现，我们说话的声音已稍稍恢复了正常，尽管雷声还在头项炸响，但恐惧已悄悄离开了我们。

"现在好些了吧？"

"好点了。"

他接着勇敢地画了一条巨大的、黑色的、弯曲的闪电。"现在，还可怕吗？"

看着他微微地歪着头的样子，再看看纸上的线条，我竟然笑了起来，我说："不怕，不怕，画出来了就不怕了。"

真的，从那以后，我渐渐克服了心中的那份恐惧，不再害怕闪电暴雨了，并且，再遇见了什么令人恐慌的事，我学会了最有力的一招去对付它，那就是我儿子教给我的——把恐惧画下来。

（佚名）

正视自己的恐惧

通常把我们钉死在原在不动，让我们陷入低潮的，正是愚昧无知的恐惧力量。

寒冷的冬夜，大伙儿群聚在小客栈里烤火聊天。

不知怎的，聊着、聊着，大家话题一转，谈到比试谁的胆子最大。一大群男人，再加上烈酒的催化，谁也不服谁，个个抢着说自己天不怕、地不怕，仿佛全天下就他一人的胆量最大。

这时，在客栈的角落，"刷"的一声，剑客狄慈拔出了他的长剑，对酒馆里的众人道："单靠嘴巴说，比不出一个高低，有本事的拿我这把剑，去插在城堡外的那块坟地上。"

狄慈指着一个年轻小伙子阿尼费，说道："喂，刚才就你的讲话声最大，怎么样，不敢去了吧？"阿尼费经此一激，再加上腹中的烈酒作怪，登时跳了起来："怎么不敢去，就怕你不敢跟我赌，100个金币如何？"

剑客狄慈豪爽地大笑，将长剑掷了过去："爽快，好，100个金币，我在这儿等你回来拿金币！"

阿尼费接过长剑，头也不回地走出客栈。刺骨的寒风迎面吹来，他的酒意立时醒了一半。暗忖自己怎么如此冲动，城堡外的那块坟地，一直有着传说，不是挺干净的，在这样的夜里，唉……

有了三分悔意的阿尼费加紧脚步赶向坟地，心中只想快去快回，也好交差了事。好不容易终于来到了那块坟地上，也不知是不是自己心里犯嘀咕，阿尼费只觉得坟地四周仿佛鬼影飘忽、阴气重重。

阿尼弗不敢多作逗留，闭着眼，慌忙地将手中的长剑往地上一插，转头便想急奔而去。却不料，阿尼费此时竟无法移动分毫，仿佛有一只无形的手从背后紧紧抓着他不放，阿尼弗不敢回头，大叫一声，便昏了过去。

第二天一早，大伙儿来到坟地，只见剑客狄慈的那柄长剑将阿尼弗的燕尾服紧紧地钉在坟地上，一旁则是阿尼弗满脸惊骇的尸体。

（佚名）

不要抱怨生活

不能调整心态，你永远都有烦恼。

秋天的黄昏，比尔信步走向郊外。他发现秋天的足迹在乡村所烙下的景象远比城市美好。在城市里，生活即使舒适，但有时仍感贫乏；工作即使忙碌，但有时也觉空虚：有快乐也有彷徨，有希望也有失望，总是难得如意。

因此，寻访乡野便成为解决烦恼的一种途径。乡间，正是丰收的季节，田垄上堆着已收割的稻子，农人提着镰刀正将归去，他们松松斗笠，用颈上的毛巾擦着汗，然后嬉笑地走向冒着炊烟的家。

几个黑黝黝的乡童，用竹竿打着番石榴树上的果实，在溪水里清洗一下，便津津有味地吃起来。

比尔在溪边的一棵树底坐下，皮鞋上沾满泥巴。一个鬓发已白的老农走过来和他搭讪。老者的态度纯朴而友善，使人不必存有丝毫顾忌。听了他的谈话，比尔更加羡慕乡村的生活了。

老农说："我们农夫感觉快乐，是因为我们能够适应田间的工作，而且喜欢它。"比尔不禁自问：如果我到乡下长久生活，也能适应吗？我能忍受风吹日晒？能放弃城市里一些现代的享受？能吃得消使手磨出茧的工作吗？

老农又说："我很乐观，我对生活从不曾抱怨过，我吃自己种的蔬菜和水果，觉得那是世上最好的食物。"

比尔似有所悟地点点头。

（佚名）

生命需要热忱

生活中没有任何人能够阻止你将你的目标变成现实，更没有人能够阻止你把热忱注入你的计划之中。

一个人成功的因素很多，而居于这些因素之首的就是热忱。热忱是出自内心的兴奋，散发、充满到整个人。英文中的"热忱"这个字是由两个希腊字根组成的，一个是"内"，一个是"神"。事实上一个热忱的人，等于是有神在他的内心里。热忱也就是内心里的光辉——这种炽热的、精神的特质深存于一个人的内心。

俄亥俄州克里夫兰市的史坦·诺瓦克下班回到家里，发现他最小的儿子提姆又哭又叫地猛踢客厅的墙壁。小提姆明天就要开始上幼儿园了，他不愿意去，就这样以示抗议。按照史坦平时的作风，他会把孩子赶回自己的卧室去，让孩子一个人在里面，并且告诉孩子他最好还是听话去上幼儿园。由于已了解了这种做法并不能使孩子欢欢喜喜地去幼儿园，史坦决定运用刚学到的知识：热忱是一种重要的力量。

他坐下来想："如果我是提姆的话，我怎么样才会乐意去上幼儿园？"他和太太列出所有提姆在幼儿园里可能会做的趣事，例如画画、唱歌、交新朋友，等等。然后他们就开始行动，史坦对这次行动做了生动的描绘："我们都在饭厅桌子上画起画来，我太太、另一个儿子鲍布和我自己，都觉得很有趣。没有多久，提姆就来偷看我们究竟在做什么事，接着表示他也要画。'不行，你得先上幼儿园去学习怎样画。'我以我所能鼓起的全部热忱，以能够听懂的话，说出他在幼儿园里可能会得到的乐趣。第二天早晨，我一起床就下楼，却发现提姆坐在客厅的椅子上睡着了。'你怎么睡在这里呢？'我问。'我等着去上幼儿园，我不要迟到。'我们全家的热忱已经鼓起了提姆内心对上幼儿园的渴望，而这一点是讨论或威胁、责骂都不可能做到的。"

（佚名）

真正的朋友

当朋友遇到困难时，不论是物质上还是精神上，都应该给予帮助。

有个年轻的犹太人叫布赖斯，他想换份工作，一时又找不到工作，闲着没事干，打算回家乡的小县城去住一段时间，但又怕信息不灵，误了找工作

的机会。因此在回去之前，便请了一帮好朋友到餐馆去吃饭。

等到大家都吃得差不多的时候，布赖斯便趁机说出了自己的请求："我想请大家帮我留意一下招工信息。"

一个朋友红着脸说道："没问题，包在我身上，只要我帮你活动一下，就能很快找到一份轻松的工作。

朋友们神情激昂，也纷纷向他保证，一有什么信息就马上通知他。

布赖斯看到朋友们如此激动，含着泪说："非常感谢大家！等我找到工作后，再请大家吃饭。"这时，在旁边一直没有吭声的奥斯拉站了起来，向他劝酒，建议他回县城开一家店面，用心经营，这样既自在又舒服，比找那些工作强多了。此话一出，现场的热闹气氛顿时没了，大家把目光都投向了这个说话的人。

布赖斯的心境变得更加灰暗，心想：奥斯拉真不够朋友。于是只将联系电话告诉其他几个朋友，便垂着头离开了餐馆。

布赖斯回到县城，整天待在家里无事干，人也像个霜打的茄子。妻子劝他在家看看书，写点东西什么的，不要总是没精打采的。可他老想着自己工作的事情，惦记朋友们帮他找到工作后打电话来。他往往写一会东西就会向电话机上瞧一眼。如果有事外出，一回来就慌忙去翻看电话的来电显示，然而令他感到失望的是，等待他的依然是空白，布赖斯觉得日子好难挨。

半年后的一天晚上，布赖斯正在房间里看书。

这时，奥斯拉带着一身的寒气走了进来。他忙给朋友温了酒，责怪他不事先通知自己，这样就会去接他。朋友说："你又不给我留个电话，我只有急匆匆地赶来。市晚报招记者，报名截止是明天中午，我是专门来告诉你这个消息的。"

后来，布赖斯去报名面试，最后被聘上了，在酒吧请朋友们喝庆祝酒。喝着喝着，其中的一个朋友大声说："晚报招聘广告登出来的时候，我就给你打电话了，是你太太接的。我就知道你一定能成功，来，我们来干一杯。"

布赖斯心里掠过一丝不快。

接下来，另一朋友说广告公司招人，打了好几次电话总是联系不上你。

另一个说IT通讯公司招业务主管我还帮你报了名，打了几次电话都找不到你的人。每个人都说得非常动听，布赖斯的脸却越来越沉。这时，奥斯拉站了起

来,举起酒杯说:"为了布赖斯能找到一个好的工作,大家都出了不少力。现在大家不说这些,让我们举杯为布赖斯祝贺,来,干!""对,干!"声音嘈杂而高亢。布赖斯暗地里握住奥斯拉的手说:"好朋友,干!"泪水在他的眼里直打转,他看着布赖斯,好像要说点什么? 但他看看眼前喝得醉气熏天的朋友,什么也没说。

(佚名)

沙漏哲学

人生在世,必然要面临各种各样的压力,当你学会调整自己,让压力一点一滴而来时,你会发现,压力反而成为一种动力,只要你按部就班,它就会不断推动着你努力前进。

现代人大都背负着沉重的生活压力,时常担心这个,担心那个。面对这么多的压力,你该试一试所谓的"沙漏哲学",既然你所忧虑的事不是一时半刻就能改变的,你就要用另一种心情去面对。

二次大战时期,米诺肩负着沉重的任务,每天花很长的时间在收发室里,努力整理在战争中死伤和失踪者的最新纪录。

源源不绝的情报接踵而来,收发室的人员必须分秒必争地处理,一丁点儿的小错误都可能会造成难以弥补的后果。米诺的心始终悬在半空中,小心翼翼地避免出现任何差错。

在压力和疲劳的袭击之下,米诺患了结肠痉挛症。身体上的病痛使他忧心忡忡,他担心自己从此一蹶不振,又担心自己是否能撑到战争结束,活着回去见他的家人。

在身体和心理的双重煎熬下,米诺整个人瘦了34磅。他想自己就要垮

了，几乎已经不奢望会有痊愈的一天。

身心交相煎熬，米诺终于不支倒地，住进医院。

军医了解他的状况后，语重心长地对他说："米诺，你身体上的疾病没什么大不了，真正的问题出在你的心里。我希望你把自己的生命想像成一个砂漏，在沙漏的上半部，有成千上万的沙子。它们在流过中间那条细缝时，都是平均而且缓慢的，除了弄坏它，你跟我都没办法让很多沙粒同时通过那条窄缝。人也是一样，每一个人都像是一个沙漏，每天都是一大堆的工作等着去做，但是我们必须一次一件慢慢来，否则我们的精神绝对承受不了。"

医生的忠告给了米诺很大的启发，从那天起，他就一直奉行着这种"沙漏哲学"，即使问题如成千上万的沙子般涌到面前，米诺也能沉着应对，不再杞人忧天。他反复告诫自己："一次只流过一粒沙子，一次只做一件工作。"

没过多久，米诺的身体便恢复正常了，从此，他也学会了如何从容不迫地面对自己的工作了。

人没有一万只手，不能把所有的事情一次解决，那么又何必一次为那么多事情而烦恼呢？

不能即时改变的事，你再怎么担心忧虑也只是空想而已，事情并不能马上解决；你应该试着一件一件慢慢来，全心全意把眼前的这件事做好。

（佚名）

找寻内在的平静

保持一颗安静的心，不为纷繁的事务所扰，也许会胜过劳累的追逐。

富有的农夫在巡视谷仓时，不慎将一只名贵的手表遗失在谷仓里，他在偌大的谷仓内遍寻不获，便定下赏金，要农场上的小孩到谷仓帮忙，谁能找

到手表，就给他 50 美元。

众小孩在重赏之下，无不卖力地四处翻找，但是谷仓内满坑满谷尽是成堆的谷粒，以及散置的大批稻草，要在这当中找寻小小的一只手表，实在是大海捞针。

小孩们忙到太阳下山仍无所获，便一个接着一个放弃了 50 美元的诱惑，一起回家吃饭去了。只有一个贫穷的小孩，在众人离开之后，仍不死心地努力找着那只手表，希望能在天黑之前找到它，换得那笔巨额赏金。

谷仓中慢慢变得漆黑，小孩虽然害怕，仍不愿放弃，手上不停摸索着，突然他发现，在人声静下来之后，出现了一个奇特的声音。

那声音"嘀嗒、嘀嗒"不停响着，小孩登时停下所有动作，谷仓内更安静了，嘀嗒声也显得十分清晰。小孩循着声音，终于在偌大的漆黑谷仓中找到那只名贵手表。

人生会遭遇许多事，其中很多是难以解决的，这时很多人心中便被盘根错节的烦恼纠缠住，茫茫然不知如何面对。如果能静下心来思考，往往会恍然大悟。保持一颗安静的心，不为纷繁的事务所扰，也许会胜过劳累的追逐。

（佚名）

勇于迎接挑战

"把我的博士论文垫在我的脚下，我就比你高了。"

十年前的那个周末舞会，女孩子是秀发披肩、亭亭玉立的大二学生，她像一朵六月的新莲在舞池中裙裾翩翩，飘逸而芬芳。

在目光的包围和无休无止地旋转后，她累了，坐在一旁休息。

这时，一个男孩走过来向她微微鞠躬，伸出手："我可以请你跳一曲吗?"他彬彬有礼，像一个古代的王子，让人不忍拒绝。

带着一丝疲倦，她站了起来。当两个人面对面地站在舞池中，静等音乐响起的片刻，她突然发现：那个男生竟然比她似乎还矮一点点。也许并不真的比她矮，但是女孩子觉得，如果哪个男生与她等高，那就已经是很矮了。

"我比你还高哪！"女孩子轻轻悄悄地说，笑着，像小时候与小伙伴比高矮时得胜后的高兴的样子。其实是心无城府的，因为她从小便比身边所有的朋友长得高，已习惯了在与他们的比较中骄傲地笑。但眼前的男孩子并不是自己的朋友，只是舞会上偶尔邂逅的舞伴。女孩子立刻为自己的口无遮拦而后悔了。她的脸刷的一下红了。

一切发生得太快了，男孩子有点猝不及防。稍稍愣了一下，脸上的笑还来不及褪去，新的一波笑意竟浮了上来。他不愠不恼地说："是吗？那我迎接挑战。"

后面四个字稍稍有点儿重。

女孩子无语，歉意地一笑，躲过他的目光，但却有点儿紧张地捕捉来自他的信息。只见他下意识地挺直了腰胸，轻描淡写地说："把我的博士论文垫在我的脚下，我就比你高了。"

原来，他也有他的骄傲。

舞会后，他们成了恋人。

后来，他们成了一对人人羡慕的夫妻，郎才女貌，琴瑟和鸣。当别人问起时，美丽的女孩说，打动她的就是当年在舞会上的那一幕情景，尤其是那两句不卑不亢的话："我要迎接挑战。""把我的博士论文垫在我的脚下，我就比你高了。"

（佚名）

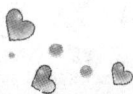

第六辑　让自己多一份感动

鲜花送人，余香留己。人生在世，不能一味索取。对周围人多一份关爱，多一份善心，对生活多一份感动，世界自然就变得美好了。

六个馒头

女孩子的脸上渐渐有了笑容，她默默接受了同学们不着痕迹的馈赠，默默地享受着这份单纯却丰厚的友谊。

高一那年，年级组织去千岛湖春游。

那时候，我们年轻的班主任新婚度假，于是更为年轻的实习老师成了我们班的带队老师。实习老师一宣布这个令人兴奋的消息，教室马上为大家的喧闹声所炸响。同学们纷纷问一些关于春游要注意的事项和所交的费用等问题，接着实习老师又问了一句："大家还有什么问题吗？"很长的时间，没有人举手也没有人站起来，谁也没有注意到角落里来自山区的那个女孩子，她微举着手，手指却颤抖着没有张开来，颤巍巍的嘴唇一张一合却没有声音。很久很久，女孩子站了起来，用极低的声音问："老师，我可以带馒头吗？"一阵其实并没有恶意的笑声刺激着女孩子，她的脸通红通红的，低着头默默地坐下，眼泪无声地沿着脸颊流了下来。漂亮的女实习老师走过去，抚摸着她的头说："你放心，可以带馒头的，没事的。"出发的前一天，女孩子拿着饭票买了六个馒头，然后低着头好像做贼似地跑回宿舍。宿舍里几个女同学正在收拾春游要带的零食，一边唧唧喳喳地讨论着什么。女孩子直奔自己的床，迅速地用一个塑料袋把馒头装了进去，女同学的讨论声似乎小了下来，女孩子的眼眶红了。

出发的那天下着雨，淅淅沥沥地洗刷着女孩子的心情，在她的背包里有六个馒头。女孩子没有带伞，只好和别的同学挤在一把伞下，为了不因为自己而使同学淋湿，女孩子不停地把伞往同学那边移，等到了目的地千岛湖时，女孩子的一半身子湿漉漉的，身上的背包也湿漉漉的。大家纷纷冲向饭馆吃饭去了，女孩子一个人呆在招待所里，等大家都走完以后才从背包里取

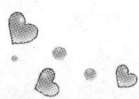

出馒头。可是，由于塑料袋破了一个洞，湿透背包的雨水将馒头泡透了，女孩子就这样一边流泪一边嚼着被雨水浸泡过的馒头。

女孩子还没有吃完一个馒头，同学们就回来了。她没有料到她们会回来得这么快，来不及藏起湿透了的馒头，只好匆忙地往还没有干的背包里塞。班长妍突然说："哎呀，我还没有吃饱呢，能给我吃一个馒头吗？"女孩子不好意思摇头也没有点头，妍已经打开她的背包啃起馒头来。其他几个同学也纷纷走过来拿起馒头一边嚼一边说"其实还是学校食堂做的馒头好吃"。转眼，女孩子带来的六个馒头都被同学们吃完了，女孩子看着空了的背包只有无声地落泪。

第二天，到了大家该吃早饭的时候，女孩子偷偷一个人走了出去。雨已经停了，女孩子的心却在落泪，如果不是自己央求父亲借钱交了车费原本就可以不来的，可是山水是那么秀美，女孩子怎能不心动？女孩子在招待所附近的一座矮山上一边后悔一边默默地落泪。是班长妍最先找到女孩子的，妍拉起她的手就走，说："我们吃了你带来的馒头，你这几天的饭当然要我们解决呀！"女孩子喝着热腾腾的粥吃着软软的馒头，眼圈红红的。

后来总有人以吃了女孩子的馒头为理由请她吃饭，使她不再嚼着干涩难咽的馒头，使她可以和所有其他同学一样吃着炒菜和米饭。女孩子的脸上渐渐有了笑容，她默默接受了同学们不着痕迹的馈赠，默默地享受着这份单纯却丰厚的友谊。女孩子没有什么可用来感谢她的同学，只有用更努力的学习，更积极地去帮助别人和总是抢先打扫宿舍卫生来表示她的感激。后来，这个女孩子不仅是班里学习最好的一个，也是人缘最好的一个。

因为女孩子知道，同学们给她的是财富所不能买到的善良和真诚。他们的友谊就像春天里最明媚的那一缕阳光照射在她以后的人生道路上。

（佚名）

自己开门

> 我以为门没有开，所以我等待，我彷徨，我甘愿在这里耗尽时间做一个等待者，却不愿推一下近在咫尺的而又未上锁的门。

数学成绩出来了，我没有取上名次，这让我很懊恼，很失望.我有点自责，并不是因为我是数学课代表，而是由于马虎导致成绩没有及格。

老师在讲台上滔滔不绝地讲着，似乎在讲评试卷，但是，我一个字也没有听清，根本就是没有听进去，脑子里一片空白，只有一个空旷的声音在耳畔想起:数学不及格，数学不及格……我竭力捂住耳朵，但又不能不听，我感到深深的自责与愧疚，为那可怜的分数，为那不堪回首的半学期。我感到自己好压抑，就象危险的炸药包已被点燃了导火索，我试图忍耐，想找到一个发泄的机会。正巧，前排的阿媛转过了身"借我看一下你的试卷。"我还未来得及做任何的反应，试卷已被她拿走了，我多么希望那可怜的分数能够长腿跑掉，但是奇迹终究没有发生，我从她惊讶的神情上看出了我自己的影子:矛盾、后悔，但又无可奈何。"真烂,对吧。"我轻蔑地对她说，我故做潇洒地对这成绩显出不屑一顾的样子，于是我努力地撇了一下嘴，希望和以前一样放肆地大笑一场，但我笑不出来，我想，我的表情比哭还难看。阿媛什么也没有说，只是意味深长的看了我一眼。我很清楚那意味着什么：她一定是在向我炫耀，她取得了数学一等奖，还有对我的委靡不振的嘲笑……我在不振与振作的边缘一次又一次的徘徊之中过了一上午。

下午的物理课做实验,来得太早,门关着,空荡荡的走廊里只有我一个人,我的头很疼,乱哄哄的,我的头象炸了一样,我轻轻把头靠在墙角,一直到走廊里响起一阵子脚步声,会是谁呢? 这脚步声很熟悉,应该是阿媛。我转过身去,果然是她:"为什么不进去呀?"她问到,"来得太早,门还没有开。"我懒懒地答到。她什么也没有说,只是把门轻轻地推了一下,门居然开了,天呀,这门,这门

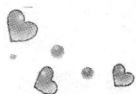

……居然一直都开着,我想我的表情一定是很惊讶,阿媛平静地看着我说:"其实,实验室的门已经坏了,所以门一直也没有上锁,不要这副痛不欲生的样子,又不是世界的末日到了,何必呢? 这扇门我已经替你打开了,但有一扇门你必须自己开,所以我等待着,明白吗?"我重重地点了点头,我以为门没有开,所以我等待,我彷徨,我甘愿在这里耗尽时间做一个等待者,却不愿推一下近在咫尺的而又未上锁的门,天呀,我什么时候变得如此没有信心了呢? 我不能在这样沉沦下去了,我终于做了最后的选择,开始振作起来。

于是,我调整好自己的情绪,微笑地对阿媛说: "谢谢你。我明白了,让我们一起进去吧。"

"你不再等了吗?"

"不了,我知道,还有许多扇门等着我自己去开。"我说到,阿媛会意地笑了,于是我两个手拉手一起进了门里的那个世界。

在那个阳光灿烂的下午,我告诉我自己,我不会再为成长道路上的那一道道坎坷而等待、彷徨。因为我知道,有很多的门在等着我亲自开启。

(佚名)

只为这一程璀璨的光阴

亲爱的弟弟,能否像曾经的我一样,背负起行囊,执著地向前,只为这一程璀璨的光阴?

亲爱的弟弟,不知我走的时候,放在你床头的那封信,你究竟是漫不经心地看过便丢在一旁,还是在一丝丝愧疚的牵绊下,拿起床头的书,认真地读上几页? 我已经远在北京,看不见此刻的你,是否又回到昔日散漫不羁的生活,怀着那么一点点的侥幸,继续在高考前的时间里清闲游走。

　　或许你会认为，我熬夜写出的五千字的信，于你，不过是一堆于是无补的说教，你有你混日子的理由。你会像讲给没有文化的父母那样，讲给我这个即将出国留学的姐姐，说，你们学校不过是所不入流的高中，有最纨绔的子弟，几乎是每天都有人打架，甚至你这样中规中距的学生，毫无理由地，就会被校园里的痞子们截住，挨一通嘲弄。或许你也会让我上网查询去年你们学校的高考升学率，百分之九十的学生，都是通过艺考，走进了大学。而我当初阻止了你读艺术，也就基本上阻止了你通往大学的路。因为，基本上，除去艺考生，只有十个左右的学生能够考上大学，而排在二十名之后的你，当然是希望渺茫。况且，你们学校的传统是，在高考来临之前，便将考学无望的学生，像残次品一样，全部处理掉，要么去学技术，要么去进工厂，要么自己寻出路。在这样差的高中里，你除了一天一天地熬下去，熬到高考过去，那一张薄薄的毕业证发下来，还能去做什么？

　　更让你理直气壮地将学业荒废掉的，是而今实行的素质教育，你们终于可以不用补课，不用上晚自习，不用在漆黑的夜晚，飞快朝家中赶，遇上雨雪天气。还要溅一身晦气的泥浆。而今，你们只需在夕阳下，背起书包，说说笑笑地走回家去。书包很轻，有同学间彼此交流的时尚玩意儿，也有给女孩子写了一半的情书，但惟独没有老师留的累赘的作业。这样一身轻松地回到家中，若饭还没有做好，恰好可以打开电视，看一段娱乐新闻，或者欣赏半集电视剧。再或者，偷偷溜出去，在网吧里跟新交的网友说几句话。这样的夜晚，再不像往昔那样度日如年，一本杂志，两本小说，三四句闲话，五六个哈欠，便轻而易举地打发掉了，没有老师的监督，你完全是一只自由的鸟儿，可以放任自己在大把的时间里，幸福地遨游。

　　可是，亲爱的弟弟，这样的幸福，于高二已经快要结束的你，究竟还能有多少？你所谓的理由，不过是为你想要逃避这一段艰苦学习的岁月所做的最拙劣的注脚。而我想要说的是，即便你们学校差到只有一个人能够考上，你也有为之奋斗最后一年的理由。再好的学校，也有神色黯然的落榜生，再差的学校，也有站在领奖台上的扬功者，而你，又为何过早地将自己打入毫无希望的深渊？我并不是认定，高考是你唯一的出路。可是假若一个人连青春里这第一场战争，都不愿意迎接，那么，你所谓的毕业后去独闯天下，岂不是一句可笑的空谈？我所要求的，不是你能考上哪一所大学，我只是希望，在你十八岁之前，能

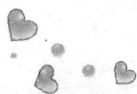

有那么一段意气风发、勇于拼搏的岁月,而这一段时光,不管结局是美好还是黯淡,在坐你人生的长河里,都必定会熠熠生辉。没有人能够否认,这段埋头苦读的青春,回望的时候,会绽放出最璀璨的花朵。

请你尝试着,一点点地改变。哪怕,只是在放学的路上,边欣赏两边的风景,边记下卡片上的几个单词;哪怕,你将电视,自觉地换到英语学习的频道;哪怕,你克服掉自己心中的障碍,开口向比你成绩好的同学求教;哪怕,你能把起床后洗漱的时间,节约上短短的五分钟,而后将这些零敲碎打的时日,换成朗诵一篇散文,读解一道习题,探究一种生物,或者,只是给父母说一句安慰的话。

是的,因为你一直以来的不上进,父母几乎对你完全失望,他们不知道如此游荡到毕业的你,究竟能够有怎样的未来。当我因为对你荒废光阴的气愤,而在母亲面前脱口而出,不要指望我能够为你提供怎样的便利时,她竟是背过脸去,哭了。父母一直都希望,走出小镇的我,能够在打拼出属于自己的一片天空的时候,亦能顺便,为你遮一小片绿荫。我无法说服他们,无论我飞得如何的高,都始终无法代你走一生的路途。但我依然要在这里,无情地提醒于你,此生,我是你的姐姐,但你永远都不要奢望,走出去的我,会像父母一样,为你二十岁以后的人生,奔走前后,筋疲力尽。我只会站在最关键的十字路口处,为你指明那最通达的一条,就像此刻,我尽着一个姐姐所应该尽的职责,写这封信给你。

亲爱的弟弟,其实,你和我,是一样的孩子,曾经在父母的唠叨里,有想要离家出走的冲动;也曾经为买不起一件衣服,而羞于在体育课上张扬;又曾经在十八岁的路口上,犹豫且失落。但,不同的是,我的每一步,都走得结实且稳健,我知道自己唯有走出小镇,才能得到自己想要的未来,我知道大学能够提供给我更明亮的一扇窗户,从这里,我可以看得更远,视线,亦可以飞得更高。

而你,亲爱的弟弟,能否像曾经的我一样,背负起行囊,执著地向前,只为这一程璀璨的光阴?

(安宁)

邻　居

　　要不失时机地工作、劳动，才能丰衣足食；如果一味玩乐，只能挨饿。千万不要等到饿得受不了的时候才知道后悔。命运的好与坏都要看曾经的所作所为。

　　在炎热的夏天，蚂蚁们辛勤地工作着，每天一大早便起床，紧接着一个劲儿地工作。他们的邻居——蟋蟀，却天天"叽里叽里、叽叽、叽叽"地唱着歌，游手好闲，养尊处优地过日子。蟋蟀对蚂蚁的辛勤工作感到非常奇怪："喂！喂！蚂蚁先生，为什么要那么努力工作呢？偶尔稍微休息一下，像我这样唱唱歌不是很好吗？"

　　可是，蚂蚁仍然继续工作着，一点儿也没休息地说："在夏天里积存食物，才能为严寒的冬天作准备啊！""我们实在没有多余的时间唱歌、玩耍！"

　　蟋蟀听蚂蚁这么说，就不再理蚂蚁了。"啊！真是笨蛋，干吗老想那么久以后的事呢！"

　　快乐的夏天结束了，秋天也过去了，冬天终于来了，北风呼呼地吹着，天空中下着绵绵的雪花。蟋蟀消瘦得不成样子，到处都是雪，一点儿食物都找不到。

　　"我若像蚂蚁先生在夏天里储存食物该多好啊！"蟋蟀眼看就要倒下来似的，蹒跚地走在雪地上。

　　一直劳动着的蚂蚁，冬天来了也不在乎。积存了好多食物，并且建了温暖的家。当蟋蟀找到蚂蚁的家时，蚂蚁们正快乐地吃着东西呢！

　　"蚂蚁先生，请给我点儿东西好吗？我饿得快要死了！"

　　蚂蚁们吓了一跳。"咦！你不是在夏天里见过面的蟋蟀先生吗？你在夏

天里一直唱着歌，我们还以为你到了冬天会是在跳舞呢！来吧！吃点儿东西，等恢复健康，再唱快乐的歌给我们听好吗？"

面对着善良亲切的蚂蚁们，蟋蟀忍不住留下欣喜的眼泪。

（佚名）

把伤害留给自己

我知道谁开的那一枪，他就是我的战友。在他抱住我时，我碰到了他发热的枪管，但当晚我就宽恕了他。

二战期间，一支部队在森林中与敌军相遇发生激战，最后两名战士与部队失去了联系。他们之所以在激战中还能互相照顾、彼此不分，是因为他们是来自同一个小镇的战友。两人在森林中艰难跋涉，互相鼓励、安慰。十多天过去了，他们仍未与部队联系上，幸运的是，他们打死了一只鹿，依靠鹿肉又可以艰难度过几日了。可也许因战争的缘故，动物四散奔逃或被杀光，这以后他们再也没看到任何动物。仅剩下的一些鹿肉，背在年轻战士的身上。这一天他们在森林中遇到了敌人，经过再一次激战，两人巧妙地避开了敌人。就在他们自以为已经安全时，只听到一声枪响，走在前面的年轻战士中了一枪，幸亏在肩膀上。后面的战友惶恐地跑了过来，他害怕得语无伦次，抱起战友的身体泪流不止，赶忙把自己的衬衣撕下包扎战友的伤口。

晚上，未受伤的战士一直叨念着母亲，两眼直勾勾的。他们都以为他们的生命即将结束，身边的鹿肉谁也没动。天知道，他们怎么过的那一夜。幸运的是，第二天，部队救出了他们。

事隔30年，那位受伤的战士安德森说："我知道谁开的那一枪，他就是我的战友。在他抱住我时，我碰到了他发热的枪管，但当晚我就宽恕了他。我知道他想独吞我身上带的鹿肉活下来，但我也知道他活下来是为了他

的母亲。此后 30 年，我装着根本不知道此事，也从不提及。战争太残酷了，他母亲还是没有等到他回来，我和他一起祭奠了老人家。他跪下来，请求我原谅他，我没让他说下去。于是，我宽恕了他，我的心没有仇恨，异常的平静。我没有失去什么，我们又做了二十几年推心置腹的朋友。"

（江鸣）

善心如水

　　我真切地感受到，夫妇俩所做的这些善行都是发自内心的，像水的流动一样泰然而安详。有禅语说："善心如水"，我想，一定就是夫妇俩的这个样子。

　　我有一个朋友，夫妇俩在同一家企业工作，都是老实巴交的小职员。两年前，朋友所在的那家企业推行改制，他们在第一批人员分流中便下了岗。好在夫妇俩平时待人不错，在街坊邻居中极有人缘，下岗不久，便在小城新兴的一个服装市场里开起了一家川味火锅店。

　　火锅店刚开张时，生意冷淡，全靠朋友和街坊照顾。但不出三个月，夫妇俩便心待人热忱，收费公道而赢得了大批的"回头客"。我也常常去照顾生意，去的次数多了，我便发现几乎每到吃饭的时间，小城里行乞的七八个大小乞丐，都要成群结队地到朋友的火锅店来行乞。

　　说实在话，我从未见过小城里其他家的店主，能够像朋友夫妇俩一样宽容平和地对待这些乞丐的。而且我特别注意到，夫妇俩施舍给乞丐们的饭菜，都是从厨房里盛来的新鲜饭菜，并不是那些顾客用过的残汤剩菜。

　　我真切地感受到，夫妇俩所做的这些善行都是发自内心的，像水的流动一样泰然而安详。有禅语说："善心如水"，我想，一定就是夫妇俩的这个样子。

　　大约半年以前的一天深夜，一家从事服装批发生意的老板，忘了将烧水的煤炉熄灭，结果引发了一场大火。这一天，恰巧我的这位朋友到昆明进货，店里只留下了女人照看。一无力气二无帮手的女店主，眼看辛辛苦苦张罗起来的火锅店就要被熊熊大火所吞没，但就在这危急之时，只见那帮平常天天上门乞讨的乞丐，冒着危险将一个个笨重的液化气罐不停地往外搬运到安全的地段。紧接着，他们又冲进马上就要被大火包围的店内，将那些易燃的物品也全都搬了出来。消防车很快开来了，火锅店由于抢救及时，虽然也遭受了一点小小的损失，但终于给保住了。周围的那些店铺，却因为得不到及时的施救，早已变成了一片废墟。

　　由于火锅店的许多用具家什都在乞丐们的奋力抢救下未受大的损失，火灾发生后的第二天下午，火锅店便恢复了营业。夫妇俩思谋着在今后的日子里，要更加真诚地对待那些上门乞讨的乞丐。但奇怪的是，这七八个平时天天上门行乞的乞丐，自火锅店恢复营业的那天起，就再没有见到过他们的踪影，好像一下子便从小城里消失了。于是，小城里又流传开一个神秘的说法，说那些乞丐都是上天派来试探人心善恶的仙人。夫妇俩善心如水，是真善，所以得到了好报。

　　后来，有小城的人到另一个城市去出差，又发现了这群乞丐，不过他们已经不再行乞，而是改为拾荒捡垃圾为生了。后来，夫妇俩为感激这群乞丐的帮助，曾专程到那个城市去探望。老乞丐满眼热泪地对夫妇俩说："在小城乞讨的日子，从来没有人把我们当人看待，只有你们夫妇俩把我们当人，是你们夫妇俩的尊重，使我们又重新恢复了自尊和自信。我们之所以要离开小城，是因为我们想开始一种新的生活，尽管我们目前仅仅只能够靠拣拾垃圾为生，但我们感到快乐和幸福。"

（佚名）

马贝街的故事

这些温柔的小精灵们在绚丽的晚霞中，随风轻轻地摇动着。他想起了阿伯特。

1988 年的纽约。

雅各布·里兹和他的妻子伊丽莎白及两个女儿——凯特和克莱拉，当时住在城郊的一幢小房子里。这幢小房子正如同在一块巨大的色彩斑斓的画布上——各种各样的鲜花正在广阔起伏的田野上像夏夜的繁星一样热烈地盛开着。

雅各布在城里的一家报社工作，每天早上他都要乘渡船过河进城。

为了工作，他需要走进城里的大街小巷。他曾看到过许多事情。像呼啸而过的救火车，滑稽的街头马戏团的表演，盛大的游行队伍等等之类的事，雅各布都会根据自己的见闻写下一个故事，每天都会有许多人读到报纸上雅各布写的故事。

有一天，雅各布走在回家的路上——一条黑暗窄小的街道：这是一条他非常熟悉的街这条街叫马贝街，在纽约城里没有别的街会比它更黯淡了，没有别的街的房子会比它的老屋更破旧，也没有别的街的人们会比它的居民更贫困。雅各布对马贝街的情况已经写过不止一篇文章，他呼吁人们把马贝街的老房子拆掉，建起漂亮的新房子，还应该整修一个可供马贝街的孩子们玩耍使用的操场，路灯也早就该竖起。　　但是马贝街的一切还是老样子，什么事也没有发生。"没有人能为它做这些事。"人们说。然后他们就不再更多地考虑马贝街了。那天，雅各布在路口看到了阿伯特——一个住在马贝街的男孩。"你妈妈今天怎么样了？"雅各布问道，"她还很虚弱吗？""是的，"阿伯特答道，"但她总算好点了。"

"我建议你，"雅各布说，"假如能够的话，你最好采一些花送给你妈妈，因为病人看到生机勃勃的鲜花会感到好一点的。"

"是吗？"阿伯特怀疑地问。

雅各布肯定地点点头。

"那我会设法采一些给我妈妈的。"阿伯特说，"只是我不知道花到底是什么样的，我从来没有见过。"

"什么，你从来没有见过任何花？"雅各布震惊地说，"可是，阿伯特，只要一到乡下，五彩缤纷的鲜花到处都是！"

"我从来没有去过乡下，"阿伯特低下头说，"我妈妈不能带我去，我们太穷了，我从小到大一直没有离开过马贝街。"

于是雅各布坐下来，一五一十地想努力告诉阿伯特鲜花到底是什么样的。　他说："鲜花盛开在大地上。有些花朵沁人心脾，气味芳香，而有些花却一点味也没有。柔软的花瓣的形状千奇百怪：有圆的，椭圆的；有扁的，卷的；有片状的，带状的。花还有许多想都想不出来的颜色：有的红似木柴燃烧发出的火焰；有的蓝得像晴朗无云的天空；有的花比冬天飘洒的雪花还要白；有的黄得比妈妈的黄纱巾的黄色还要深，还要透明。"

当雅各布说完的时候，阿伯特仍然相当困惑地眨眨眼睛说："我大概已经明白花是什么样子的了。我真希望有一天能看到它们，摸一摸，闻一闻。"　雅各布离开了。马贝街凯特和克莱拉望见了爸爸，高兴地跑到他身边，扑进了他有力的臂弯里。

当他们一起回家的时候，雅各布看着路边的旷野，那上面铺满了普通的平时不能引起他更多注意的花朵：这些温柔的小精灵们在绚丽的晚霞中，随风轻轻地摇动着。他想起了阿伯特。

他拉着女儿们的手，告诉她们一个名叫阿伯特的男孩的故事，一个从来没有离开过一条叫做马贝街的黑暗街道的孩子，一个从来没有看见过哪怕是最平凡最微小的花儿的可怜的孩子。

两个女儿沉默了。

第二天，凯特和克莱拉早早冲出房子，奔进宽广的原野，尽她们所能一个劲地采花。她们把一大捧鲜艳芬芳还带着露水的花交给雅各布。

"我们是为阿伯特采的，"她们气喘吁吁地说，"那个从未见过花的男孩子。"当阿伯特看到这些花时，他很久很久没有说一个字。

雅各布轻声问他："你不喜欢它们？""不，我真是太喜欢它们了。"阿伯特终于抬起头，眼里闪着兴奋的光，难以置信似的微微摇了摇头，"我不知道世上竟还有这么好看的东西。我要把它抱给妈妈看，它肯定会使她感觉好一点的。"　另一些马贝街的孩子路过了这里。他们也从未看到过鲜花。他们问是否可以仔细地看看它们，摸摸它们并且闻闻它们。所有的孩子都认为，这些花朵非常迷人。

有一个小女孩轻轻地抚摸着柔滑的花瓣，觉得它们是如此美丽，如此令人心醉神迷，竟忍不住哭了起来。大颗大颗的泪珠溅落在这美好而又安静的花束上。　那天，雅各布为他的报社写了一个关于马贝街的孩子和花的故事。他把印好的报纸带回家给妻子和女儿们看。她们都为送花给阿伯特而感到非常高兴。　那天晚上，同平常一样，许多人看到了雅各布写的故事，他们——男人和女人，老人和孩子，木匠和经理——都为马贝街的孩子们感到难过。

于是，他们纷纷一大早就走进田野、荒地，走到山谷里，走到小溪边，走到山包上，采了尽可能多的鲜花——就像凯特和克莱拉一样。

有些人乘着火车进城，有些人赶着敞口马车进城，有些人坐着四轮马车进城，更多的人徒步走来：人人手里都捧着刚摘下来的清新的五颜六色的鲜花。他们把纯洁的花束放在雅各布的工作室里，都说同一句话："请把这些花带给马贝街的孩子们。"

不久，这间工作室就被花挤满了。雅各布看看窗外：川流不息、越来越多的人们正捧着无比贵重的鲜花来到这里。

雅各布弄来一辆大运货马车，把花一趟一趟地带到马贝街个居民：给每个孩子们，给他们的母亲们，给他们的父亲们。

给了每个人后，还有许多鲜花。于是，人们就把花摆在每一个窗户前，靠在每一个大门前，插进每一个烟囱里，抛到每一个屋顶上：凡是能塞进花的每一个角落和缝隙，都放上了花。

从屋顶到地面，整条街的每一座房子上，除了花以外，没有别的东西。在那天，马贝街成了纽约城里最漂亮的一条街！马贝街的每个人好几天都一

直陶醉在花的海洋里。

雅各布仍把这些写成了故事，仍有许多人读到了。在感动之余，他们开始想："我们必须为马贝街做些什么？"雅各布后来成了一个老人。在几十年里，他看到了马贝街的许多变化：破旧的老房子被推倒了，新房子取代了它们的位置；一个宽阔平整的游戏场也终于修成了，在那儿，马贝街的孩子们可以尽情玩耍；路灯立了起来，马贝街再也不黑暗了。

但是，已经没有任何事情能使雅各布像很多年前的一天那样感到快乐：在那天，有个叫阿伯特的男孩第一次看到鲜花；在那天，所有的马贝街的孩子们第一次看到了鲜花；在那天，有个小女孩流下了泪水，仅仅因为她手里紧握的鲜花在她看来是如此的美丽动人。

（佚名）

购买上帝的男孩

年轻人，您能有邦迪这个侄儿，实在是太幸运了，为了救您，他拿一美元到处购买上帝……

一个小男孩捏着1美元硬币，沿街一家一家商店地询问："请问您这儿有上帝卖吗？"店主要么说没有，要么嫌他在捣乱，不由分说就把他撵出了店门。

天快黑时，第二十九家商店的店主热情地接待了男孩。老板是个六十多岁的老头，满头银发，慈眉善目。他笑眯眯地问男孩："告诉我，孩子，你买上帝干嘛？"

男孩流着泪告诉老头，他叫邦迪，父母很早就去世了，是被叔叔帕特鲁抚养大的。叔叔是个建筑工人，前不久从脚手架上摔了下来，至今昏迷不

醒。医生说，只有上帝才能救他。邦迪想，上帝一定是种非常奇妙的东西，我把上帝买回来，让叔叔吃了，伤就会好。

老头眼圈也湿润了，问："你有多少钱？"

"1 美元。"

"孩子，眼下上帝的价格正好是 1 美元。"老头接过硬币，从货架上拿了瓶"上帝之吻"牌饮料，"拿去吧，孩子，你叔叔喝了这瓶'上帝'，就没事了。"

邦迪喜出望外，将饮料抱在怀里，兴冲冲地回到了医院。一进病房，他就开心地叫嚷道："叔叔，我把上帝买回来了，你很快就会好起来！"

几天后，一个由世界顶尖医学专家组成的医疗小组来到医院，对帕特鲁普进行会诊。他们采用世界最先进的医疗技术，终于治好了帕特鲁普的伤。

帕特鲁普出院时，看到医疗费账单那个天文数字，差点吓昏过去。可院方告诉他，有个老头帮他把钱全付了。那老头是个亿万富翁，从一家跨国公司董事长的位置退下来后，隐居在本市，开了家杂货店打发时光。那个医疗小组就是老头花重金聘来的。

帕特鲁普激动不已，他立即和邦迪去感谢老头，可老头已经把杂货店卖掉，出国旅游去了。

后来，帕特鲁普接到一封信，是那老头写来的，信中说：年轻人，您能有邦迪这个侄儿，实在是太幸运了，为了救您，他拿一美元到处购买上帝……是他挽救了您的生命，但您一定要永远记住，真正的上帝，是人们的爱心！

（佚名）

失去的冷漠

泪珠一滴滴落在白色皮凉鞋上，悬在心中的疑团散了，电波中那一声呼喊，于纵横的空间里，让她收获到了世界上最浓烈的亲情。

风很大，很冷。呜咽如哭。

他在寒风中蜷缩得像一只受伤的猫，靠着自己家的门，任伤心的泪在风里滴落成冰。与泪一起结冰的，还有他那颗渴望温暖的幼小的心。

姨娘执勤回来，已是凌晨三点，见他在冷风中紧缩成一团，泪水打湿双眼。她记起来了，昨天下午小侄儿给自己打来电话说钥匙落在家里，要姨妈早点回家开门。偏偏下班前接到临时任务，竟然把这事给忘了。悔恨、懊恼，一瞬间将这位威风凛凛的女刑侦队长击倒，她哭出了声，急急地把孩子抱进了屋。

孩子的妈妈和她一样，也是刑警，前年牺牲了。年轻的她以母亲的名义呵护着年幼的侄儿，把所有的爱倾注在孩子身上，错过了恋爱也无怨无悔。在最疲累的时候，在最无助的时候，她叫一声"儿子"，或是孩子喊她一声"妈妈"，两人心里都会感觉幸福一波连着一波。

可是自从那个北风凛冽的夜晚，她失约之后，孩子不再叫她"妈妈"，只叫她"姨"。距离，一夜之间产生了。他在学校被小混混追打，鼻青脸肿回来，却不再向她哭鼻子，也不喊痛，早熟得让人心酸。

她关切地问："儿子，你怎么啦？是不是和同学打架了？"

他毫不在乎地说："姨，没事，我摔了一跤！"

小侄儿的冷漠，令女刑侦队长绝望得发疯：自己付出去的爱，怎么就弥补不了那一次的过失？

又一次完成任务归队途中，她打开车载电台，陡然听到小侄儿在向主持人倾吐心声——

"……我怕。我一个人呆在家里，姨执行任务去了。"

"我妈妈和姨一样，也是刑警，在一次追逃中死了。我怕我姨会像我妈妈一样。所以，我现在就把姨当陌生人看，如果她牺牲了，我的难受会少一点。但我还是很怕姨离开我，她是我最亲的亲人啊！"

"今天是母亲节，我最想喊她一声：妈妈！"

她把车泊在路边，趴在方向盘上，泪珠一滴滴落在白色皮凉鞋上，悬在心中的疑团散了，电波中那一声呼喊，于纵横的空间里，让她收获到了世界上最浓烈的亲情。

（佚名）

不褪色的迷失

四十年的漫长时光在我凝视照片的一瞬间消失得无影无踪……

哦，父亲，在我的记忆中，你是不会老的。

日子在一天一天过去。逝去的岁月像从山间流失的溪水，一去不复返。回过头看一看，常常是云烟迷蒙，往事如同隐匿在雨雾中的树影，朦胧而又迷离。那么多的经历和故事搅合在一起，使记忆的屏幕变得一片模糊……

还好，有一样东西改变了这种状况。它就像奇妙的魔术，不动声色地把逝去的岁月悄然拽回到你的眼前，使你情不自禁地感慨：哦，原来是这样的！

这奇妙的魔术是什么呢？我的回答也许使你觉得平平无奇——是摄影。

不过你不妨试一试，翻开你的影集，看看你从前的照片，看会产生什么感觉。如果你自己也是一个摄影爱好者，那么，看看自己从前亲手拍摄的各

种各样照片，又会有什么感想。

我的才八岁的儿子，在一次看他刚出生不久的一张洗澡的照片时惊讶地大叫："什么，我那时那么年轻！连衣服也不穿呐！啊呀，太不好意思啦！"

我一边为儿子的天真忍俊不禁，一边也有同感产生。是啊，我们都曾经那么年轻，那么天真。那些发了黄的旧照片，会帮我们找回童年或者幼年时的种种感觉。

我儿时的照片留下的很少，就那么两三张。有一张一寸的报名照，是不到三岁时拍的。照片上的我，胖乎乎的脸，傻呵呵的表情，眼睛里流露出惊恐和疑问，还隐隐约约含着几分悲伤……看这张照片，使我很自然地回忆起儿时的一个故事。那是我最初的记忆之一。

那是我三岁的时候，有一次，跟父亲出门，在一条马路上走失在人群中。开始还不知道什么叫害怕，以为父亲会像往常一样，马上就会出现在我的面前，将我抱起来，带回家中。然而我跌跌撞撞在马路上乱转了很久，终于发现父亲真的不见了。我惊悸的大叫引起很多行人的注意，数不清的陌生面孔团团地将我围住，很多不熟悉的声音问我很多相同的问题……然而我不愿意回答任何问题，因为我以为是父亲故意丢弃了我，我无法理解一向慈眉善目的父亲怎么会就这样把我扔在陌生人中间，自己一走了事。我以为我从此再也见不到自己的父母了，小小的心灵中充满了恐惧、悲哀和绝望。我一声不吭，也不流泪。被人抱着在街上转了几个小时之后，有人把我送到了公安局。一个年轻的女民警态度和善地安慰我，哄我，给我削苹果。另一个年轻的男民警在一边不停地打电话，听他在电话里说的话，我知道他是在帮我找爸爸。我在女民警的哄劝下吃了一个苹果，然而心里依然紧张不安。眼看天渐渐地暗下来，还没有父亲和家里的消息。我呆呆地望着窗外，恐惧和惊慌一阵又一阵向我袭来。尽管那位女民警不停地在安慰我："你别急，爸爸就要来了，他已经在路上了，过一会，你就能看见他了！"但我不相信。我想，父亲大概真的不要我了，要不，他怎么天黑了还不来呢？

就在我惊恐难耐的时候，女民警突然对着门口灿然一笑，口中大叫道："瞧，是谁来了？"我回头一看，只见父亲已经站在门口。我永远也忘不了父亲当时的模样和表情。他那一向很注意修饰的头发乱蓬蓬的，脸似乎也消瘦

了一圈。当我扑到父亲的怀抱里时，噙在眼眶里的泪水一下子夺眶而出，委屈、激动、欢喜和辛酸交织在一起，化作了不可抑制的抽泣和眼泪。当我抬起头来看父亲的时候，不禁一愣：父亲的眼睛里，也噙满了泪水！在我的心目中，父亲是不会哭的，哭是属于小孩子的专利。父亲的泪水使我深深地受到了震动。父亲紧紧地抱住我，口中喃喃地、语无伦次地说着："我在找你，我在找你，我找了你整整一天，找遍了全上海，你不知道，我是多么着急……"

此刻，在父亲的怀抱里，我先前曾产生过的怀疑和怨恨顷刻烟消云散。我尽情地哭着，痛痛快快哭了个够。哭完之后，我才发现，那一男一女两位警察一直在旁边微笑着注视我们父子俩。这时，我又不好意思地笑了。那个男警察摸着我的脑袋，笑着打趣道："一歇哭，一歇笑，两只眼睛开大炮……"这是当时的孩子人人都知道的一首儿歌。于是我们四个人一起笑起来……

从公安局出来，父亲紧拉着我的手走在灯光灿烂的大街上。他问我："你想吃什么？我给你买。"我什么也不想吃，只想拉着父亲的手在街上默默地走，被父亲那双温暖的大手紧握着，是多么安全多么好。然而父亲还是给我买了一大包吃的东西，让我一路走，一路吃。走着，走着，经过了一家照相馆，看着橱窗里的照片，我觉得很新鲜。长这么大，我还没有进照相馆拍过照呢。橱窗里的照片上，男女老少都在对着我开心地微笑。我想，照相一定是一件很有趣的事情。父亲见我对照片有兴趣，就提议道："进去，给你照一张像吧！"面对着照相馆里刺眼的灯光，我的眼前什么也看不见，父亲又消失在幽暗之中。于是我情不自禁又想起了白天迷路后的孤独和恐惧。摄影师大喊"笑一笑，笑一笑……"我却怎么也笑不出来。当快门响动的时候，我的脸上依然带着白天的表情。于是，就有了那张一寸的报名照。在这张小小的照片上，永远地留下了我三岁时的惊恐、困惑和悲伤。尽管这只是一场虚惊。看这张照片时，我很自然地会想起父亲，想起父亲为我们的走散和团聚而流下的焦灼、欢欣的泪水，父亲在找到我时那一瞬间的表情，是他留在我记忆中的最清晰最深刻的表情。从那一刻起，我知道了，父亲和孩子一样，也是会流泪的，这是多么温馨多么美好的泪水啊……

照片上的我永远是童稚幼儿，可是岁月却已经无情地染白了我的鬓发。而我的父亲，今年八十三岁，已经老态龙钟了。从拍这张照片到现在，有四

十年了。四十年中，发生了多少事情，时事沉浮，世态炎凉，悲欢离合……可四十年前的那一幕，在我的记忆中却是特别的清晰，特别的亲切，似乎就在昨天，就在眼前。岁月的风沙无法掩埋儿时的这一段记忆。当我拿出照片，看着四十年前的我的茫然失措的表情，不禁哑然失笑。四十年的漫长时光在我凝视照片的一瞬间消失得无影无踪……哦，父亲，在我的记忆中，你是不会老的。看到这张照片，我就仿佛看见，你正在用急匆匆的脚步，满街满城地转着找我……而我，什么时候离开过你的视线呢？

前些日子，我，我的妻子，还有我的九岁的儿子，陪着我高龄的父母来到西湖畔。久居都市，接触大自然的机会越来越少，我想陪他们在湖光山色中散散心，也想在西湖边上为他们拍一些照片。在西湖边散步时，我向父亲说起了小时候迷路的事情，父亲皱着眉头想了好久，笑着说："这么早的事情，你怎么还记得？"我说："我怎么会忘记呢？永远也忘不了。你还记得吗，那时，你还流泪了呢！"

父亲凝视着烟雨迷蒙的西湖，久久没有说话。我发现，他的眼角里闪烁着亮晶晶的泪花……

(佚名)

回家的门铃声

老爸一回头看到我，刚刚还寂寞愁苦的脸，一瞬间像波斯菊一样盛开了，那舒展的笑容里，竟有一种孩子得到宝贝般的喜悦。

出门从来没要带钥匙，因为家里总有人为我开门。

直到家门口，伸手摁门铃，一会儿门轻轻地开了，一声苍老柔和的问候声响起，让我的心"咕咚"一下，跌在最柔软的地方，好舒服，好惬意！

　　母亲在世时，二老常为开门争执。门铃"叮咚"一响，父母像赛跑一样赶向门边，母亲脚步是细碎急促，父亲的脚步则像重锤敲在地板上。母亲总落后父亲一步，只好站在父亲身后嗔怪着："叫你做事磨洋工，给女儿开门你比哪个都积极。"父亲却满怀着胜利的喜悦，为我接包、递鞋，让我天天享受贵宾待遇。母亲去世后，没人跟父亲抢开门了，老爸的灵气和幽默感被老妈带去了不少。随着年纪一天天增加，老爸的耳朵背了，脚步也变得迟缓了。为了不耽误开门，每天到我下班的钟点，他就守在门边，守株待兔般地期待门外的脚步声响起。

　　有一天下班路上堵车，到家比平日晚半个小时，我照例摁响门铃，一声、两声，没反应。我心里一紧：老爸出什么事了？忙翻包掏钥匙。打开门，只见老爸站在阳台上，向外张望，晚风吹拂着他稀疏的白发，那情景让我心里一阵酸楚。老爸一回头看到我，刚刚还寂寞愁苦的脸，一瞬间像波斯菊一样盛开了，那舒展的笑容里，竟有一种孩子得到宝贝般的喜悦。我知道这半小时中，老爸的心里经受了怎样的煎熬。每天傍晚的"叮咚"声，已经成了他生命的一部分，这个声音的准时与否牵动着他的神经，稍迟一会儿，他的脑子就会滋生出担心和焦虑。这份牵挂，让我每天下班都不敢耽搁。

　　不久，我发现门边多了一把椅子，挺碍事的，每天晚上我搬走，第二天它又回到了门边。后来我发现这是老爸特地设置的"门岗"，老人家怕听不到门铃，每天到了我下班的钟点他就坐在门边，等待我按响门铃。这样的温情，这样的爱，就像冬天里的一杯茶，将冰冷的手指一点点摩挲温热了，心也跟着热起来，汹涌出感恩的潮水来。回家摁门铃的幸福，不是所有人都能享受到的。在有限的生命中，有你的至亲把你存放在心底，时时牵挂你，那是做小辈不浅的福分。在摁响门铃的那一刻，我把疲惫、烦躁和不快留在门外，给为我开门的亲人一个灿烂的笑脸，作为牵挂的酬谢。

　　我知道，对于爱着我的人，这是最好的酬报！

（佚名）

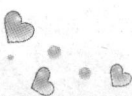

智慧的美丽

> 从来没有，像他一样的冷静和智慧，在最后的关头，在久久的沉默之后，给大家带来了满怀的喜悦。

那天晚上看王小丫主持《开心辞典》，我流下了泪。这不是一个煽情的节目，因为里面有一种真实和聪明，还有那份期待和紧张。

是那个人感动了我。他的家庭梦想都是为家人，没有自己的一件东西。他有个妹妹在加拿大，妹妹有电脑而没有打印机，于是他想得到一台打印机给远在加拿大的妹妹。王小丫问，那你怎么给妹妹送去？他说，我再要两张去加拿大的往返机票啊，让我的父母去送，他们想女儿了。听到这儿，我就有些感动，作为儿子，他是孝顺的；作为兄长，他是体贴的。

主持人也很感动，她问，那你为什么还要一台电脑给你父母？他说，因为父母很想念远在万里之外的妹妹，所以，他要给他们一台电脑，让他们把邮件发给她，也让妹妹把思念寄回家。这就是他的家庭梦想，全为了家人。主持人问，有把握吗？他笑着，当然。要回答12道题，而每一道题都机关重重，要达到顶点谈何容易？答到第6题时他显得很茫然，这时他使用了第一条热线，让现场的观众帮助他。结果他幸运的通过了，但他很平静，甚至有些沮丧，主持人很奇怪，因为要是别的选手早就欢呼雀跃了，为什么他这样平静？他说，他觉得很不好意思，为什么那么多人都会这道问题而他不会。

答题依然在继续，悬念也越来越大了，人们也越来越紧张。到最后一题时，我手心里的汗都出来了，好像我是那个盼望着得到一台打印机、两张往返加拿大的机票和一台电脑的人。仅仅为了他的孝顺和对妹妹的宠爱，也应该让他答对吧。最后一题出来了，六选一，是有关水资源的。他静静的看着

这道题，好久没有说话，他的父母也在台下，紧张的看着他，而主持人也好像恨不得生出特异功能把答案告诉他一样。

这时他使用了最后一条求助热线，把电话打给了远在加拿大的妹妹。电话接通了，他却久久不说话，对面的妹妹着急了，哥，快说呀，要不来不及了，因为只有 30 秒时间。王小丫着急了，快说吧，不要浪费时间了，这是你最后的机会了！

他沉默了一会儿，说了："妹妹，你想念咱爸咱妈吗?"当然想，妹妹说。坐在电视前的我着急了，天啊，这是什么时候了，怎么还慢悠悠的，难道他要放弃自己最后的冲刺吗? 我几乎要生气了，怎么有这样冷静的人啊? 怎么还说这些没边际的话? 他又说了："那咱爸咱妈去看你好吗?"妹妹说："太好了! 真的吗?"他点点头，很自信的："是的，你的愿望马上就能实现了。"然后时间到了，电话挂了。我一下子明白了，这道题根本他就会，答案早就胸有成竹! 他只是想给妹妹打个电话，只是想把成功的喜悦让妹妹早点分享! 我的眼泪一下流了出来，为他的智慧，为他超乎常人的冷静和美丽。果然他轻轻的说出了答案，我看出了王小丫的感动和难言，王小丫说，从来没有见过像你这样的选手。

是的，从来没有，像他一样的冷静和智慧，在最后的关头，在久久的沉默之后，给大家带来了满怀的喜悦。而坐在台下的父母，眼角也悄悄湿润了。我从来没有想到，智慧也会如此美丽，如此感人。它让我们慢慢麻木的心灵，在这个美好而机智的晚上，轻舞飞扬。

（佚名）

 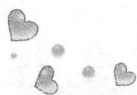

第一百个客人

真正成为第一百个客人的奶奶，让孙子招待了一碗热腾腾的牛肉汤饭。而小男孩就像之前奶奶一样，含了块萝卜泡菜在口中咀嚼着。

中午尖峰时间过去了，原本拥挤的小吃店，客人都已散去，老板正要喘口气翻阅报纸的时候，有人走了进来。那是一位老奶奶和一个小男孩。

"牛肉汤饭一碗要多少钱呢？"奶奶坐下来拿出钱袋数了数钱，叫了一碗汤饭，热气腾腾的汤饭。奶奶将碗推向孙子面前，小男孩吞了吞口水望著奶奶说："奶奶，您真的吃过午饭了吗？""当然了。"奶奶含著一块萝卜泡菜慢慢咀嚼。一晃眼功夫，小男孩就把一碗饭吃个精光。

老板看到这幅景象，走到两个人面前说："老太太，恭喜您，您今天运气真好，是我们的第一百个客人，所以免费。"之后过了一个多月的某一天，小男孩蹲在小吃店对面像在数着什么东西，使得无意间望向窗外的老板吓了一大跳。

原来小男孩每看到一个客人走进店里，就把小石子放进他画的圈圈里，但是午餐时间都快过去了，小石子却连五十个都不到。

心急如焚的老板打电话给所有的老顾客："很忙吗？没什么事，我要你来吃碗汤饭，今天我请客。"像这样打电话给很多人之后，客人开始一个接一个到来。"八十一，八十二，八十三……"小男孩数得越来越快了。终于当第九十九个小石子被放进圈圈的那一刻，小男孩匆忙拉着奶奶的手进了小吃店。

"奶奶，这一次换我请客了。"小男孩有些得意地说。真正成为第一百个客人的奶奶，让孙子招待了一碗热腾腾的牛肉汤饭。而小男孩就像之前奶奶一样，含了块萝卜泡菜在口中咀嚼着。

"也送一碗给那男孩吧。"老板娘不忍心地说。

"那小男孩现在正在学习不吃东西也会饱的道理哩！"老板回答。

呼噜……吃得津津有味的奶奶问小孙子："要不要留一些给你？"没想到小男孩却拍拍他的小肚子，对奶奶说："不用了，我很饱，奶奶您看……。"

（佚名）

比金钱更贵的报酬

35 年已经过去了，我依然能生动地回忆起当时的深刻体验。我完全被一部小说所蕴含的巨大力量给震慑住了。

在我 14 岁那年的夏天，我开始帮人割园子里的草，希望能挣到点钱。这期间，我逐渐结识了不少人，还由此了解到这些路易斯威尔人的一些特点，特别是他们支付报酬的奇怪方式：据工作当时了结，或按月支付，也有可能干脆一点没有。

布拉奥先生就属于最后这一类型的人。而且每一次他总能够找出一个理由来。有一次他说身上没有零钱；有一次他说劳累得疲惫不堪了……不过，尽管如此，除了和钱有关的事情以外，布拉奥先生倒还不失为一位十分友善的老人。通常他在远处看见我时，总是挥动着他的帽子同我打招呼。我揣摩他可能是一位隐居的将军，大概是战争在身上留下的创伤使他不能再从事自己院子里的工作。虽然我自己在心里记着账，但实际上也没有多少钱。值得庆幸的一点就是布拉奥先生对草坪修剪得如何并不苛求。

7 月上旬的一个下午，天色已晚，我散步路过他的房子时，他示意我到屋里去。客厅与外面相比显得非常阴凉，我进去好大一会儿才适应里面比较微弱的光线。

"我很感激你为我所做的一切，"布拉奥先生对我说道，"但是……"

我想最好还是给他省掉一次挖空心思想出一个借口的麻烦吧，于是就说："先生，没关系的，不必为我的工资而挂在心上。"

"我想你可以选择一两本书作为不能按时拿到工资的抵偿。"

他朝旁边指了指，这时我才注意到屋里到处堆置的都是书籍。除了书的放置没有秩序外，这里简直就像一个图书馆。

"拿出时间来，"布拉奥先生鼓励我说，"读这些书，从中找些自己感兴趣的东西读一读，充实自己。你想读些什么？"

"我不知道，"我回答说。实际上我确实不知道自己想读些什么。我读的东西通常是从杂货店里找到的破旧的平装书，或是从家里搜寻到的杂志、连环画之类。因此，凭着这些近乎苍白的记忆从这堆书中自觉地选出一些自己想读的东西，对我来说实在是一件困难的事。但并非说我没有这方面的需求。于是我把这些书用眼大致扫了一遍，然而问布拉奥先生："这些你都读过？"

先生点了点头："这些仅是我保存下来的一些值得经常看的东西。"'

"那您就帮我挑选一下吧！"

他抬起头，扬了扬眉毛，仔细地打量着我，就像是为我裁一件合体的衣服。然后，他从一叠书中抽出一本递给我。这本书相当厚，封面是深红色的。

"《公正的结局》，"我读道，"安德？

斯蒂沃兹·巴特著。这是写什么的？"

"下星期由你来告诉我吧！"

于是，当天晚饭后，我就从厨房拿了一只小凳子坐在草地上开始读书，没有几页，便完全沉浸在卡斯特的悲剧中了。院子，夏天，似乎一切都消失了。剧本叙述了一位绅士生活的不幸，冲突表现得恰到好处。语言简洁优雅，情节扣人心弦。当夜幕降临后，我挪到屋内，又读了个通宵。

直到今天——35年已经过去了，我依然能生动地回忆起当时的深刻体验。我完全被一部小说所蕴含的巨大力量给震慑住了。我简直难以找到一个合适的词汇来恰如其分地描述自己当时的感受，因此，当第二个星期布拉奥先生问我有何感受时，我回答说："好极了！"

"那就好好地珍藏着它吧！"他又问，"要不要我再给你推荐一本？"

我点了点头，一本人类学研究的经典著作——米德著的《文明时代的到来》便递到了我面前。就这样，我不停地读。在那一年，布拉奥先生从未为我的工作支付过一角钱的工资。但是，后来有一天，我可以站在大学的讲台上讲授人类学了。那时，我深刻地认识到：那个夏天，我的阅读实际上不仅仅是单纯的消遣。我发觉如果一本书能够在一个意想不到的季节适时地来到一个人的身边，将会改变他的一生。

（佚名）

为我唱首歌吧

在她记忆的耳朵里，仍然能够听见那 6 个幼稚的声音，欢乐的声音，生命的声音，给人以力量的声音。

在伦敦儿童医院这间小小的病室里，住着我的儿子艾德里安和其他 7 个孩子，艾德里安最小，只有 4 岁，最大的是 12 岁的弗雷迪，其次是卡罗琳、伊丽莎白、约瑟夫、赫米尔、米丽雅姆和莎丽。

这些小病人，除了 10 岁的伊丽莎白，全是白血病的牺牲品，他们活不了多久了。伊丽莎白天真可爱，有一双兰色的大眼睛，一头闪闪发光金发，孩子们都很喜欢她，同时，又对她满怀真挚的同情。

伊丽莎白的耳朵后面做了一次复杂的手术,再过大约一个月,听力就会完全消失,再也听不到声音。伊丽莎白热爱音乐,热爱唱歌,她的各声圆润舒缓、委婉动听,显示出一个未来音乐家的超人才能,这些使她将要变聋的前景更加悲惨。

伊丽莎白是那么喜欢听人唱歌，就像喜欢自己演唱一样。每当我给艾德里安铺好床后，她总是示意我去儿童游戏室。在那经过一天的活动后安静

的、空荡荡的房间里，她自己坐在一张宽大的椅子上，让我坐在她旁边，紧紧拉着我的手，声音颤抖抖地恳求："给我唱首歌吧！"

我怎么忍心拒绝这样的恳求呢？我们面对面坐着，她能够看见我嘴唇的嚅动，我尽可能准确地唱上两首歌。她呢，着迷似的听着，脸上透出专注喜悦的神情。我唱完，她就在我的额头上亲吻一下，表示感谢。

我说过，小伙伴们为伊丽莎白的境况感到忐忑不安，他们决定要做一些事情使她快活。在12岁的弗雷迪倡导下，孩子们做出了一个决定，然后带着这个决定去见他们认识的朋友希尔达·柯尔比护士阿姨。

最初，柯尔比护士听了他们的打算大吃一惊："你们想要为伊丽莎白的11岁生日举行一次音乐会？"她叫了起来，"而且只有三周的时间！你们是发疯了吗？"这时候，她看见孩子们渴望的神情，不由自主的地被感动了，她想了想，补充道："你们真是疯啦！不过，让我来帮助你们吧！"

柯尔比护士抓紧时间履行自己的诺言，她一下班就乘出租汽车去一所音乐学校，拜访朋友玛丽·约瑟芬修女，她是音乐合唱诗班教师。

"玛丽，"柯尔比说，"我问你，让一群根本没有音乐知识的孩子组成一个合唱队，并在3周后举行一次音乐会，这可能吗？"

"可能，"玛丽的回答是肯定的，"不是也许，而是可能。"

"上帝保佑您，玛丽！"柯尔比护士高兴得像孩子似的，"我知道你能办得到。"当伊丽莎白去接受每天的治疗时，柯尔比护士把自己的计划告诉了弗雷迪和孩子们，弗雷迪询问："这人是谁？是叔叔还是阿姨？怎么会叫玛丽？

约瑟芬呢？"

"弗雷迪，她是一个修女，在伦敦最好的音乐学校当老师，她准备来训练你们唱歌，一切免费。"

"太好啦！"赫本尔一声尖叫，"我们一定会唱得挺棒的。"

事情就这么决定了下来，在玛丽？

约瑟芬修女的领导下，孩子们每天练习唱歌，当然是在伊丽莎白接受治疗的时候。又有个大难题，怎么把9岁的约瑟夫也吸收入合唱队？显然不能丢下他不管，可是，他动过手术，再也不能使用声带了呀！

当其他孩子全被安排在各自唱歌的位置上时，玛丽注意到约瑟夫正神色

悲伤地望着她。"约瑟夫，你过来，坐在我的身边，我弹钢琴，你翻乐谱，好吗?"

一阵近乎惊愕的沉默之后，约瑟夫的两眼炯炯发光，随即合上，喜悦的泪水夺眶而出。他迅速在纸上写下一行字："修女阿姨，我不识谱的。"

玛丽低下头微笑地看着这个失望的小男孩，向他保证："约瑟夫，不要担心，你一定能识谱的。"

真是不可思议，仅仅的 3 周时间，玛丽修女和柯尔比护士就把 7 个快要死去的孩子组成了一个优秀的合唱队，尽管他们没有一个具有出色的音乐才能，就连那个既不能唱歌也不能说话的小男孩也成了一个信心十足的翻乐谱者。

同样出色的是，这个秘密的保守也十分成功。在伊丽莎白生日的这天下午，当她被领进医院的小教堂里，坐在一个"宝位"（一辆手摇车）上，她的惊奇显而易见。激动使她苍白，漂亮的面庞涨的绯红，她身体前倾，一动不动，聚精会神地听着。

尽管所有的听众——伊丽莎白、10 位父母和 3 位护士，坐在离舞台仅 3 米的地方，我们仍然难以清楚地看见每个孩子的面孔，泪水遮住了视线。但是，我们能够毫不费力地听见他们的歌唱。在演出开始前，玛丽告诉孩子们："你们知道，伊丽莎白的听力已经是非常非常的微弱，因此，你们必须尽力大声地唱。"

音乐会获得成功。伊丽莎白欣喜若狂，一阵浓浓的、娇媚的红晕在她苍白的脸上闪闪发光，眼里闪耀出奇异的光彩。她大声说，这是她最最快乐、最最快乐的生日! 合唱队员们十分自豪地欢呼起来，乐得又蹦又跳。约瑟夫眉飞色舞，喜悦异常。我想，这时候，我们这些大人们流的眼泪更多。

如今，那 6 副幼稚的歌喉已经静默多年，那 7 名合唱队的成员正在地下安睡长眠，但是我敢保证那个已经结婚、成了一个金发碧眼女儿的母亲的伊丽莎白，在她记忆的耳朵里，仍然能够听见那 6 个幼稚的声音，欢乐的声音，生命的声音，给人以力量的声音，它们是她曾经听见的最后的声音。

（佚名）

因为爱，所以逐花而居

她含着笑的眼睛湿润了，透过晶莹的泪光，我看到柔弱的她眼睛里有着坚强的光芒。

他们被称做"中国的吉普赛人"。

在我的印象中，他们大都在四十岁左右。因为，涉世未深的年轻人是耐不住这份寂寞的，也受不了这份苦。每年的三四月份，他们带着自己的蜜蜂出发，选择一片鲜花盛开的地方，然后搭下帐篷，一住就是两三个月，直到附近的鲜花开尽，他们才朝着下一处花丛出发。他们就是养蜂人。

我曾有幸认识了他们当中的一员。她算是比较年轻的一位。

那是一个杨柳拂堤的季节，我沿着一条小河到一个农场采访。那里是一片金黄色的油菜花丛，足足绵延 30 余里，蔚为壮观。她，一个年近 30 岁的女子，头戴一顶挂纱的斗笠，一袭红裙，忙碌在花间，与这样的花丛相映成趣。

我完全为眼前的一切陶醉了，连忙取出照相机打算记录这美丽的瞬间。哪知道，就在我刚刚聚焦的当口儿，一只蜜蜂落在我的手上，以迅雷不及掩耳之势蜇了我一下，然后飞走了！

我的喊叫声惊动了她，只见她连忙跑进帐篷，拿了一个小瓶子出来，边说对不起，边从瓶子里倒出苏打水给我抹上，然后，在歇脚的当口儿，我们聊了起来。

原来，她 18 岁就结了婚，丈夫是一个养蜂人，她就跟随着丈夫到处走动。虽说有些辛苦，但是两个人的生活过得还算甜蜜。3 年后，他们的蜜蜂由当初的 3 箱发展到 8 箱，还有了一个可爱的儿子。但是，就在这时候，一场意外夺走了丈夫年轻的生命，从此就只留下她带着儿子和蜜蜂到处走动。

当时，许多人都劝她安定下来，再找个男人嫁了，但是她死活不肯。她说，那8箱蜜蜂是她丈夫留下来的，她要像照顾自己的儿子一样照顾它们。她又说，那蜂箱里有她丈夫的灵魂，她不能撒手不管，否则，丈夫会不安的。

于是，她就把丈夫的"事业"接管下来，且一管就是七八年。在这些年里，她一边照顾蜜蜂，一边教儿子识字算算术。她从不担心儿子的学习，因为，她相信自己的教育能力，她唯一担心的就是蜂群。

有一次，她刚在一个花丛旁扎下帐篷放好蜂箱，几个调皮的孩子就在附近的茅草丛中点着了火。她连忙扯了条毯子向着火的茅草丛奔去，先是用力拍打，后来实在不起作用，她就索性把毯子裹在身上，向火苗滚去。火最终被扑灭了，她也多处受伤。

她说，每当看到蜜蜂在自己眼前嗡嗡地飞，就想起了她的丈夫，因为，蜜蜂的翅膀上会栖着他的灵魂。所以，谁也不能伤害蜜蜂，否则就等于伤害了她的丈夫。说这话的时候，她含着笑的眼睛湿润了，透过晶莹的泪光，我看到柔弱的她眼睛里有着坚强的光芒。这是丈夫带给她的，伤感而又积极。

她还告诉我，曾经有人给她出主意，让她开一家小厂，雇几个小工帮她的忙。但是，她也拒绝了。我惊讶地看着她，她知道我在询问，却没有立刻作答，沉默良久，才说了这样一句话：不要小瞧了这些小东西，它们可会撒娇了，不是十分细心的人是不能养的……

那天的阳光格外明媚，一如她的笑容。我买了2瓶蜂蜜回去，不为食用，只为纪念她，纪念这份美好。也正是这个逐花而居的养蜂女子，让我相信了，在这个世界上，已然离去的人照样可以存在于活着的人的生活中。因为这样一段痴，这样一片情，时空再邈远，依然足以放牧爱的灵魂！

（佚名）

爱的虚荣

我的心，却在母亲这番极力为自己贴金的谎言里，一阵阵地痛。

母亲是个虚荣心很强的人，又最爱走街串巷，逮着不熟识的人，都会同人家兴致勃勃地唠叨上半日，寻根究底般地问别人的家境好坏、收入高低，尔后拿来与自己的作比。表面上吹捧人家一番，心里，却会因己不如人，而大大地失落上一阵子。回来自然又会无休止地唠叨一番，说谁家的房子大了挣钱多了，谁家的儿女孝敬爹妈买来高档营养品了，谁家的女儿钓了个金龟婿风光回来走亲戚了。这之后自然是话锋一转，谈及父亲的平庸人生，谈及我和弟弟两人怎么只顾着自己读完本科读硕士，念完硕士还野心勃勃地要出国读什么洋博士，也不想想父母的难处，早点挣钱养家，哪怕让她同女伴们一样，抱个白白胖胖的孙子，出去让人夸一番，也比而今一年年没尽头地把书念下去强。

我们都觉得母亲无理取闹，皆不理她。或者推出父亲来，将她的嫉妒与虚荣批得体无完肤，一无是处。每每母亲都气咻咻地摔门而去，非得我们亲自去请才回来吃饭。但吃饭的时候，仍不忘把我们再痛贬一顿。我们知道她要面子，便让她一马。况且，从不珍惜自己所有，总把别人的一份好，放大十倍来折磨自己的人，实在是不必要与她计较。

所以我们照样在父亲的鼓励下，快快乐乐地一年年把书念下去；亦将出国的美梦，踏踏实实地做下去。甚至有了成绩都不愿告诉母亲，怕她又憋不住，拿出去与人作比，比不过人家，回来又惹是生非。

有一次出门买东西，回来走至一个拐弯处，却一下子停住了。母亲尖细的声音，很清晰地传到我耳中来："我们两个孩子一个比一个出息，都争着

往国外去读呢！我这当妈的，也能跟着沾沾光，到时去国外转一转，见识见识呢！"

我听了不觉一笑，想母亲真会为自己贴金，还没影的事呢，便被她说得像模像样。正欲前行接她回家，别在这儿让人笑话，却听另一个差不多年纪的女人，懒懒一笑，道："还要念那么多年书，您老得搭多少钱操多少心啊，怕是等他们一个个成龙成凤了，您也吃喝不动了，没福消受他们这迟来的孝心呢。还是像我那几个儿女们好，大学毕了业便成家立业，早早地孝敬我，带着我各大城市地游逛，山珍海味地猛吃，经历过这些，死也心甘了。"

我的心开始针扎似的痛。母亲却早已急急地接过去，说："大姐你不知道，我那俩孩子，可是听话得很，从没用我操过什么心。从上大学起，就没花过家里一分钱。现在读了研究生，不只把书读得很棒，帮导师代课，比那工作了的人挣得还多呢。我说过很多次不缺钱花，还非得每月给我寄千儿八百的，说让我领双份退休金。这不，我穿的衣服都是他们买的，你看这羊毛衫，就是今年我和他爸被他们接到上海游玩时买的，五六百块，是外国的名牌呢！"

这样一通话，终于让那女人虚情假意地说了一句"您老好福气啊"便失望地走开了。而我的心，却在母亲这番极力为自己贴金的谎言里，一阵阵地痛。从没有想到，虚荣的母亲，在人前竟是这样极力袒护着我和小弟的疏忽和大意。而我们，不仅没有努力地满足她其实女人本性里都有的一点点虚荣，甚至连她受了人嘲笑之后的安慰，也没有给一点点。

我红着脸，躲开犹自站在原地发怔的母亲，飞快地跑回家去。想着自此之后，没有享过什么福的母亲，再怎样地喋喋不休，我的这颗心，也都应耐心地停下来，陪她分担一些这样无处可以排遣的寂寞才是。

（佚名）

摔碎的心

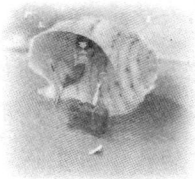

父亲在灾难和死亡突至那一刹那，还记挂着女儿，还在保护心脏，因为，那是一颗渴望移植给女儿的心脏！

灾难在小敏未出生的时候就已经开始了，到她五岁时，深藏在小敏体内的病魔终于狰狞的扑向她，扑向她的父母。小敏被确诊患有一种医学上称之为"法乐氏四联症"的先天性心脏病.这是目前世界上病情最复杂、危险程度最高、心脏随时都可能停止跳动的顽症。小敏在父母的带领下开始去国内各大医院求诊，开始了整日鼻子总要插着管子的生活。小敏问母亲为什么她的鼻子总要插着管子，母亲告诉她因为她得了一种很怪的感冒，很快就会好的。然而，小敏的"感冒"一直没有好。

十六岁那年，小敏终于从病历卡上知道自己患的是一种几近绝症的病。那天晚上，父亲依然像以往那样，将小敏喜欢的饭菜摆放在她的床头的柜子上，将筷子递给她说："快吃吧！都是你喜欢吃的。"小敏克制着自己，平静，平静.可绝望还是疯狂的撕扯着她，她放声哭了起来。哭声中小敏哽咽着问父亲："你们为什么一直在骗我？为什么……？父亲在小敏的哭声中愣住着，突然背转过身，肩膀不停地抖动着。第二天清早，小敏悄悄地溜出家，她知道，离家不远处有一家农药店，小敏要去那里买能够结束自己生命的药物。小敏可以承受病魔的蹂躏，却无法忍受父母被灾难折磨，而小敏认为她唯一能够帮父母的，似乎只有杀掉病魔，而她能够杀掉病魔的唯一方法就是结束自己的生命。就在小敏和店老板讨价还价的时候，父亲从门外奔了进来，一把抱住小敏，她感觉到父亲浑身都在颤抖，小敏知道，父亲一定是在哭泣……那一晚家里一片呜咽，而父亲却没有掉眼泪，他告诉小敏："孩子，我们可以忍受再大的灾难，却无法忍受失去你的痛苦啊！"因为爱父母，

小敏想选择死亡，而父母却告诉小敏，爱他们就应该把生命坚持下来。

三天后，在市区那条繁华的街道旁，父亲褴褛地跪在那里，脖子上挂着一块牌子，上面写着：我的女儿得了绝症，她的心脏随时都可以停止跳动，善良的人们，希望你们能施舍一点爱，帮助我的女儿避免不幸，毕竟她还只有十六岁啊！小敏听邻居说父亲去跪乞后找了过去。当时，父亲的身边围着一圈的人，人们看着那牌子，窃窃议论着，有人说骗子在骗钱，有人朝父亲的身上吐痰……父亲一直垂着头，一声不吭。小敏分开人群，扑到父亲身上，抱住父亲，泪水又一次掉了下来……父亲在小敏的哀求下不再去跪乞，他开始拼命地去做一些高危险性的工作。他说，那样薪水会高一些，他要积攒给小敏做心脏移植手术的钱。这似乎是维持小敏生命的唯一办法，但移植就意味着在挽救一个人的同时，结束另一个人的生命啊！直到那一天，小敏在整理房间时，从父亲的衣兜里发现了一份意外伤亡的保险和他写的一封信，上面写着，他自愿将心脏移植给小敏。原来，父亲是在有意的去接触高危险的工作，他是在策划着用自己的死亡换小敏的生存啊！小敏一个字也说不出来，眼泪滂沱而落，那天晚上，小敏和父亲聊天到很晚，小敏说："生命不在长短，要看质量，我得到太多太多来自您和妈妈的关爱了，就是现在离开这个世界，我也会幸福的离开……"父亲无语。

一天，小敏从学校回来，不见父亲，母亲告诉小敏："你爸爸去公证处公证了，想要把心脏给你，公证人员没有受理，他去问医生了……"母亲说着哭了。小敏知道，那是因为父亲心里最深的疼痛，而小敏能做的，却只能是听任父亲。那天晚上，父亲的神色黯然的回来，小敏知道医生不同意，父亲不再去咨询了，继续做高危险的工作。七个月后的一天，将近 40 岁的父亲在一处建筑工地抬玉石板时，和他的一个工友双双从 5 楼坠落，父亲停止了呼吸，听工友说，父亲坠落时，双手捂在胸口前。小敏知道，父亲在灾难和死亡突至那一刹那，还记挂着女儿，还在保护心脏，因为，那是一颗渴望移植给女儿的心脏！父亲的心脏最终未能移植给小敏，因为那颗心在坠楼时被摔碎了！

（佚名）

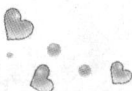

风中的白玫瑰

> 我看见，她躺在那儿，手拿一枝美丽的白玫瑰，怀抱着一个漂亮的洋娃娃和那男孩儿的照片。

我急匆匆地赶往街角的那间百货商店，心中暗自祈祷商店里的人能少一点，好让我快点完成为孙儿们购买圣诞礼物的苦差事。天知道，我还有那么多事情要做，哪有时间站在一大堆礼物面前精挑细拣，像个女人一样。可当我终于到达商店一看，不禁暗暗叫起苦来，店里的人比货架上的东西还多，以至店内温度比外边高好几度，好像一口快要煮沸的井。我硬着头皮往玩具部挤，抱怨着，这可恶的圣诞节对我简直是一个累赘，还不如找张舒适的床，把整个节日睡过去。

好不容易挤到了玩具部的货架前。一看价钱，我有点失望，这些玩具太廉价了。俗话说，便宜没好货，我相信我的孙儿们肯定连看都不会看它们一眼。不知不觉中，我来到了洋娃娃通道，扫了一眼，我打算离开了。这时我看到了一个大约5岁的小男孩，正抱着一个可爱的洋娃娃，不住地抚摸她的头发。我看着他转向售货小姐，仰着小脑袋，问："你能肯定我的钱不够吗？"那小姐有些不耐烦："孩子，去找你妈妈吧，她知道你的钱不够。"说完她又忙着应酬别的顾客去了。那小可怜儿仍然站在那儿，抱着洋娃娃不放。我有点好奇，弯下腰，问他："亲爱的，你要把她送给谁呢？""给我妹妹，这洋娃娃是她一直特别想得到的圣诞礼物。她只知道圣诞老人能带给她。"小男孩儿说。"哦，也许今晚圣诞老人就会带给她的。"小男孩儿把头埋在洋娃娃金黄蓬松的头发里，说："不可能了，圣诞老人不能去我妹妹待的地方……我只能让妈妈带给我妹妹了。"我问他妹妹在哪里，他的眼神更加悲伤了，"她已经跟上帝在一起了，我爸爸说妈妈也要去了。"

　　我的心几乎停止了跳动。那男孩接着说："我告诉爸爸跟妈妈说先别走，我告诉他跟妈妈说等我从商场回来再走。"男孩掏出一张照片。"我想让妈妈带上我的照片，这样她就永远不会忘记我了。我非常爱我的妈妈，但愿她不要离开我。但爸爸却说她可能真的要跟妹妹在一起了。"说完他低下了头，再不说话了。我悄悄从自己的钱包里拿出一些钱。我对小男孩说："你把钱拿出来再数数，也许你刚才没数对呢？"他兴奋起来，说道："对呀，我知道钱应该够的。"我把自己的钱悄悄混到他的钱里，然后我们一起数起来。当然现在的钱足够买那个洋娃娃了。"谢谢上帝，给了我足够的钱。"他轻声说，"我刚刚在祈求上帝，给我足够的钱买这娃娃，好让妈妈带给我妹妹。他真的听到了。"然后他又说，"其实我还想请上帝再给我买一枝白玫瑰的钱，但我没说出，可他知道了，我妈妈非常喜欢白玫瑰。"

　　几分钟后，我推着购物车走了。可我再也忘不掉那男孩儿。我想起几天前在报纸上看到的一条消息：一个喝醉的司机开车撞了一对母女，小女孩死了，而那母亲情况危急。医院已宣布无法挽救那位母亲的生命。她的亲属们只剩下了决定是否维持她生命的权利。我心里安慰着自己——那小男孩当然不会与这件事有关。

　　两天后，我从报纸上看到，那家人同意了拿掉维持那位年轻母亲生命的医疗器械，她已经死了。我始终无法忘记那商店里的小男孩儿，有一种预感告诉我，那男孩儿跟这件事有关。那天晚些时候，我实在无法静静地坐下去了。我买了一捧白玫瑰，来到给那位母亲举行遗体告别仪式的殡仪馆。我看见，她躺在那儿，手拿一枝美丽的白玫瑰，怀抱着一个漂亮的洋娃娃和那男孩儿的照片。

　　我含着热泪离开了，我知道从此我的生活将会改变。

（佚名）

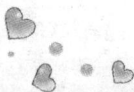